小译林中小学阅读丛书

江南古典私家园林

阮仪三 主编

U0299565

译林出版社

图书在版编目（CIP）数据

江南古典私家园林 ／ 阮仪三主编 . —南京：译林出版社，2020.10
（小译林中小学阅读丛书）
ISBN 978-7-5447-8331-6

I. ①江… II.①阮… III.①古典园林 – 私家园林 – 介绍 – 华东地区
IV.①TU986.625

中国版本图书馆 CIP 数据核字（2020）第 113082 号

江南古典私家园林　　阮仪三／主编

撰　　文　　阮仪三　刘天华　阮湧三　丁　枫
摄　　影　　陈健行　马元浩　阮湧三
责任编辑　　陆晨希
装帧设计　　韦　枫
校　　对　　戴小娥
责任印制　　颜　亮

出版发行　译林出版社
地　　址　南京市湖南路 1 号 A 楼
邮　　箱　yilin@yilin.com
网　　址　www.yilin.com
市场热线　025-86633278
排　　版　南京展望文化发展有限公司
印　　刷　江苏凤凰通达印刷有限公司
开　　本　718 毫米 ×1000 毫米　1/16
印　　张　14
插　　页　5
版　　次　2020 年 10 月第 1 版
印　　次　2020 年 10 月第 1 次印刷
书　　号　ISBN 978-7-5447-8331-6
定　　价　36.00 元

目　录

散论篇

前　言

　　人类造园，其实是在造天堂。园林是人类眼中一切美好事物的化身，是寄托精神的宁静家园，是自己心目中的天堂。身处园林，我们看到的不只是亭台楼阁、山水花草，还有中国古人的所思、所想、所为：他们崇尚老子的自然无为，就模仿自然，让自己住在山林中；他们师尊孔子，就把自己的理想寄托在仁山智水间；他们在园中种棵菩提树，便在树下打坐，参悟佛禅；他们在廊壁上嵌几方碑刻，便指划揣摩，与古人意会。春光明朗之时，宾客雅集于"远香堂"，吟诗品画，说今论古；秋风飒爽之夜，家人欢聚在"射鸭廊"，赏月听曲，同享天伦。在园林里，我们会看到情人月下相会，也会看到知己亭中对弈，更能体会到古人们诗情画意地生活在片片"城市山林"中。

　　中国江南，自然山水秀美，物产丰饶，自魏晋以来一直是一方富庶的乐土。明清以降，更是文人巨贾会聚之地，领社会风气之先。作为士大夫阶层抒发情怀、巨商权贵斗富攀比的产物，一时间私家园林遍布江南。

　　江南私家园林是中国传统园林的代表，本书在综述其发展历史、艺术成就的基础上，对现存不多的实例进行赏析，通过文字和丰富的图片，展现给读者一处处江南的园林以及一个园林的江南。本书还收集了著者对园林的论述，以帮助我们体会古人的生活、理想和情怀。

浸淫在中国传统园林的魅力中，我们静心回想；西人造园则体现出另外一种美，他们对秩序、规则、理性的热爱反映在园林中。我们不得不感叹美是有无限可能的。无论是"悦目"的西方园林，还是"赏心"的东方园林，无论是古典园林，还是当代园林，人们都在不断地发现和创造美的样式，营造着心目中的天堂，永不停歇！

谨以此书献给古往今来的造园者。

概　说

　　园林是人们为了休憩游览的方便,用自己的双手创造风景的一种艺术。与建筑一样,园林与人们的日常生活关系也极为密切,两者可说是同步发端且互补互映的。然而,它们之间又有明显的不同:建筑是完全由人工创造的,园林却保留了许多自然的东西,那绿树、芳草、清泉、美石,充满着山野的自然气息。由于世界上各民族、各地区文化背景的不同,人们对风景的理解和偏爱也有差异,因而也就出现了许多不同特点、不同风格的园林。

　　中华民族有着爱好自然、钟情园林的文化传统,"上有天堂,下有苏杭"这句谚语便是一个很好的佐证。苏州、杭州之所以称得上天堂,主要是得力于两地园林风景之美。苏州是园林精品荟萃之地,国宝一级的古典园林有一多半集中在此地;杭州以湖光山色著称,整个西湖及四周的群山本身便是一个大园林。因为园林之美,在中华文明史上,有多少骚人墨客为之倾倒并留下了珍贵的诗篇画卷。可以说,凡是名垂中国艺术史册的艺术家、画家,以及文学家、诗人都和园林有着不解之缘。园林为他们提供了一个美好的生活起居和艺术创作的环境,这些艺术家以园林风景为题材的创作又推

清康熙年间《沧浪小志》中的苏州沧浪亭
（引自童寯《江南园林志》）

动了中国古典园林艺术的发展和提高。两者互相借鉴、相得益彰，共同繁荣了中国传统艺术的花苑。

与其他中国传统艺术一样，古典园林在它漫长的发展中，形成了许多不同风格的不同类别。比较常用的分类法是按照园林的使用对象，将它分为皇家园林、私家园林、寺庙园林和邑郊风景园林。皇家园林是供统治者游乐的花园；私家园林是指私人（家庭）拥有的花园，它主要是为个人或家庭服务的；寺庙园林是佛寺道观中附设的园林，是为宗教活动服务的；而城市郊区山水名胜地的园林，范围较大，是市民百姓节假日休憩游玩的园林，具有公共建筑的特点。

在中国古代，人们普遍喜爱山水林泉、树木花草等自然景色，因此修建园林是一种社会性较强、极为普遍的艺术活动。实际上，中国园林是利用山石、花木等自然之物，经过巧妙的构思来美化生活环境的艺术。人皆有爱美之心，所以在某种程度上，园林是一种自发的大众性的艺术。不管是达官贵人还是市井平民，都会在自己力所能及的范围之内进行造园活动。因此，留存至今的古典园林中，私家园林分布范围最广，数量最多，亦最具有代表性。同时，由于社会各种家庭的经济实力、学识修养、知识层次、审美情趣各有差异，也就使得虽同属于私家园林，但其大小规模、艺术旨趣各不相同。

例如，有模仿帝王苑囿、追求景多景全的王公贵族的花园，有耀府争胜、堆砌雕镂的商贾花园，有讲究诗情画意的文人园林，还有一般百姓在宅旁屋后空地上栽花点石而营造的宅院小庭。在这些花园中，艺术成就较高，较具历史文物价值的，是文人风格的私家园林。所谓文人风格并非指该园林主人必定是骚人墨客。那些满腹经纶、致仕而归的官僚，屡考不中而转行经商的儒贾，以及在穷困潦倒之际摆弄花石以遣情的落拓文人，均可以造出精雅的园林。保留至今日，艺术价值及游览价值较高的私家园林多数为文人花园，它们的主人有不少是历史上的文化名人，影响颇大。

私家园林之中，最负盛名的是江南园林。中国有一句流传很广的赞语，即"江南园林甲天下"，表明了江南私家园林的地位和人们对它的称颂和向往。江南，是一个较具开放性的地理定义。严谨说来，它应该指江苏境内长江下游南岸的水网地区，但实际上它包括长江北岸扬州、泰州等商业富庶地区。明清以来，根据长江三角洲地区共同的人文地理特征，人们所称的江南，往往是指长江下游、环太湖和钱塘江两岸大片蚕丝鱼米富饶之乡。主要城市有南京、扬

清人画中的园林宅第

清桃花坞木刻年画中的放鹤亭

州、泰州、无锡、苏州、上海、嘉兴、湖州、杭州、绍兴、宁波等。明代中叶以后，这一带经济发展较快，手工业及商业贸易均处于全国领先地位，物产丰富，市场繁荣。同时，这里又是传统的文化发达地区，教育较为普遍，由读书而踏入仕途的人数很多，堪称人文荟萃，诗文书画人才辈出。在自然环境方面，这里水道纵横，湖泊星布，随处可得泉引水；兼以土地肥沃，花卉树木易于生长。除了太湖洞庭东、西二山所产湖石之外，江阴、镇江、宜兴、湖州等地，均有石产可作园林造景之用。因此这一带造园活动一直很活跃，各城市名园荟萃，现存我国私家园林的精品，大多集中在这一带。由于造园活动的高涨，明清两代江南出现了一些著名的造园大师。他们之中，有的是造诣很深的画家和艺术家，如文震亨、周秉忠、李渔、石涛等，他们有精湛的艺术素养，以诗画理论来指导园林创作，留下了不朽的艺术杰作；有的是专职的造园师，如计成、张南垣、戈裕良等，他们原是文人,擅长绘画,后来亲自参加园林的设计和施工,而且又不断进行总结,著书立说,对我国园林艺术的提高,起到了很大的推动作用。

江南私家园林的历史源头,可追溯到两晋南北朝时期。从汉末大乱到隋文帝统一中原的三四百年间,战祸连绵,动乱不断,是中国历史上政治最黑暗、社会最混乱的时代。士大夫知识阶层也同样难以幸免,处于朝不保夕的境况中。在社会现实的无情打击下,主张与现实保持一段距离、返归自然的道家思想重又受到重视。特别是庄子无为浪漫、整日逍遥优游的隐士生活方式,成为许多士人仿效的对象。他们热衷于在山水间静思默想,清谈玄理,以无为隐逸为清高,著名的"竹林七贤"就是这类士人的代表。这种寻求美丽的风景环境、静观世界的认识方法,对于自然风景美的欣赏和理解,帮助是很大的。

在这样的条件下,一种对后世影响最大的园林——文人园林便应运而生了。这种园林不同于两汉包罗万象的帝王花园,也不同于贵戚富豪为了斗富炫耀而建成的宏大华丽的府第园林,它们的目的主要是创造一个清谈读书、觞咏娱情的美好环境,让生活更接近自然,因此园中景色多自然而少人工,风格清新朴实。特别是东晋南渡之后,中原士族迁移江南,江浙一带秀丽的自然山水第一次为北方士人所发现,使他们向往自然、追求山林美的审美理想像海绵吸水那样,迅速得到满足。为了就近游赏的方便,江南文人园林蓬勃发展起来,出现了私家造园成风、名士爱园成癖的盛况。当时江南一带的城市中,园林荟萃,"虽复崇门八袭,高城万雉,莫不蓄壤开泉,仿佛林泽"。另一方面,士人们又纷纷寻找近城靠镇、交通便捷的山水之地营建园林,像当时建康(今南京)城外的钟山、栖霞山,以及浙东会稽诸山等,都拥集了不少名园。

最朴素的文人园林当推东晋陶渊明的田园居了。这位诗人被尊为我国田园山水诗的鼻祖,也可说是华夏园林中文人村宅园林的创始人。他隐居躬耕的田园居是"方宅十余亩,草屋八九间,榆柳荫后檐,桃李罗堂前"。他还在小庭院的篱笆下种了许多菊花,闲时看看菊花,望望南山,保持了古代村居园林朴实无华的清隽格调。这一时期,一些身居高位的文人修建园林也讲自然清雅,像会稽王司马道子的宅园,以竹树、山水的灵秀取胜;南朝宋的戴颙在苏州的园林也因"聚石引水,植树开涧,少时繁密,有若自然"而闻名。

再如大书法家王羲之写的兰亭风景,虽然看起来完全是自然的山水林泉,但实际上也经过了人工改造。它要建亭开渠,修路架桥,后来成了一座著名的山麓园。王羲之的儿子王献之也是爱园林成癖。一次他从会稽(今绍兴)到吴中(今苏州一带),听说顾辟疆家的园林是一座名园,就去参观。他进门也不通报,自顾自走入园中欣赏起来,正好碰上园主在宴请宾客。王献之旁若无人,指东道西,肆意评论了一番,惹得顾辟疆非常生气。王献之放浪不拘的行为也被一时传为美谈。

当时著名的士人大多有自己的园林,如谢安、谢灵运、江总、庾信等。这些园林的规模、景色虽然各不相同,但格调上都趋于自然闲适。

隋文帝统一中国后,经济很快得到恢复并有所发展,特别是隋炀帝为了游历江南,到扬州看琼花,专门开凿了大运河,方便了南方与中原的交通。润州(今镇江)、扬州一带成为长江水道和大运河运输的枢纽,城市经济繁荣,私家园林也因此而兴盛,见于记载的有裴堪的"樱桃园"、郝氏园等。有诗人描绘道"暖日凝花柳,春风散管弦",还有"谁知竹西路,歌吹是扬州",可知当时在园林中赏景常有丝竹管弦吹弹,以音乐辅佐,可惜已全无遗迹留存。

钱塘江畔的杭州,在唐代也有较大发展。为了兴修水利,发展农业,地方官员一直致力于治理西湖,将它变成著名的风景地,湖畔亦始建园林。如大诗人白居易任职杭州期间，修筑白堤，将郡城和湖中孤山连了起来，方便了游览。为了观看西湖美景，诗人在孤山脚下用竹和茅草修了一座小筑，名之为"竹阁"。每游西湖，诗人都要在阁中休息，并留下了"晚坐松檐下，宵眠竹阁间"的诗句。实际上，这湖滨小筑与庐山草堂一样，都是属于诗人自己游览赏景的园林，只不过一在秀水畔，一在春山中。

唐末五代，中原地区又经受了一段时间的战争苦难，江南经济却有一定程度的发展。吴越国王钱镠父子在杭州大治宫室苑囿，钱镠的另一个儿子元璙封为广陵王，镇守苏州，非常爱好园林，创建了"南园"。那里山池亭阁、奇花美石，经营了三十年。他的部下仿其所好，也相与营建园林。今天的沧浪亭就是在其外戚孙承佑家花园的原址上，经历代重建的。可以推断，五代时苏州的造园活动相当繁荣。

北宋时，江南地区经济增长很快，已是跃居为全国之首的繁华之地，建都汴梁 (今开封) 也是为了更方便依靠江南的粮食和财富。经济发展快了，造园活动自然就繁荣起来。见之于记载的名园就有宋文长的"乐园"、朱西力的"乐园"、梅宣义的"五亩园"。另外，当时有些官场失意遭贬或革职的文人因喜爱江南的美丽和繁华，都喜欢定居在江南一些名城建造私园，其中最有名的就是诗人苏舜钦。他在1045年遭贬后南迁苏州，见孙承佑家的园林近于荒废，就买下修建成一代名园"沧浪亭"，并留下了"绿杨白鹭俱自得，近水远山皆有情"的名句。到了南宋，赵构小朝廷偏安杭州，沉迷于歌舞园林的享乐之中，在西湖边上修建多处皇家花园。以此为榜样，官僚文人也相继在湖滨营造私园，以致湖光山色间日日歌舞不止，"直把杭州作汴州"。此外，苏州、湖州一带，也是文人私家花园的荟萃之地。如著名文人周密所写《吴兴园林记》中，就记述了吴兴 (今湖州) 的私家园林三十六所。这些园林以水、竹、柳、荷等景观见长，富有江南特色，有的就近取太湖石点缀，渐渐形成园林赏石、叠假山之风，造景手法和布局章法也越来越多样，对以后江南的造园艺术影响较大。被誉为苏州园林艺术精品的网师园也始建于此时。

元王朝在江南的统治虽然只有短短九十年，但这一地区私家园林的建造仍然没有停止，成为中国古典园林从两宋到明清这一段时期内不可缺少的一个过渡。这一时期最有名的江南文人园林是大画家倪瓒的"清閟阁"。

倪瓒，字元镇，号云林子，是元代四大画家之一。他主张绘画要写出胸中之逸气，擅长表现疏木平林、村野田园那种孤寂的无人之境，对我国山水写意画的发展，有过很大贡献。同时，他又是一位著名的造园家，自小对园林便有深厚的感情，二十三岁时创作的《西园图》，被时人誉为异品。后来他又帮助高僧维则在苏州构筑狮子林，成功地将其绘画风格应用于园林，创造了富有静逸之气的城市山林。而他在自己故里（今无锡东八公里处的大厦村）建的清閟阁，更是凝集了画家毕生的精力。清閟阁在元代，声名显赫。据《无锡县志》载，连大都的外国使臣"红毛贡夷"也慕名前来，携带重礼要求参观游赏。尽管此园遗址留存甚少，但从留下的一些诗文记载和残存的地形状况，还是能推断出当年盛时的园林风采，其设计之精妙一直为后世文人所称颂。

发展到明清，江南私家园林进入了全盛期，其显著的特点是园林数量多，分布范围广，在整个江南，掀起了一个造园活动的高潮。中国自明代中叶以后，江南地区工商业极为繁荣，城市人口成倍增长，市民文艺形式也越来越多样。在小说、戏曲、版画等艺术繁荣的同时，园林也成了市民文化生活中不可缺少的一环，它从文人雅士抒发性情、追求精神享受的高级形式，逐渐变成了全民广为喜爱的普及活动。

当时江南私家园林主要集中在长江和大运河沿岸的一些城市，

清人画中的市井及小园风光

如南京、苏州、无锡等地。南京是明代的陪都，养有大批闲官，王府又多，而且城周有山有水，园林亦盛极一时，仅《游金陵诸园记》所载就有三十六处之多。其中中山王徐达后人的私园达十余处。苏州、无锡一带，官僚文人集中，他们辞官还乡后，多数要置宅造园，别处官员慕名到苏州来寓居的也不少，因而明中叶后形成了一个造园的高潮。留存到现在的苏州的拙政园、留园、艺圃、五峰园以及无锡的寄畅园等，都始创于这一时期。江浙一带其他小城镇如松江、太仓、昆山、常熟、嘉兴、湖州等地，造园活动亦十分活跃。总之，从明中叶到清初，在文化经济发达的京师和江南，无论是城市官宦家的大宅，还是乡镇小巷的普通民居，都可以见到造园活动，有力量的就堆山挖池，建楼造亭，没有力量的则点几块山石，栽几株翠竹，形成了普遍的园林美化风气。

　　明清时期江南园林的精品可谓硕果累累，许多名园虽然随着历史的变迁均已化作过眼的云烟，却较完整地保留在了当时繁荣的园记文学之中。这些文字不同于以往的山水游记，而是专门记述各园的景色。较著名的有田汝成的《西湖游览志》，王世贞的《游金陵诸园记》《娄东园林志》，张岱的《西湖寻梦》《陶庵梦忆》等。到清代，园记文学更加繁荣，出现了李斗的《扬州画舫录》、钱泳的《履园丛话》这样的巨篇，有的甚至还辅以图画（如麟庆的《鸿雪因缘图记》）。这些园林游记大都以清新白描的手法记述了园林景色，是今天研究明清江南园林结构布局和艺术处理的重要资料。

明清江南园林发展的另一个特点是艺术理论的提高和技术的进步。在园林的规划阶段，它更讲究布局立意的诗情画意，更注意从中国古代其他传统艺术中汲取营养。在众多造园艺术家的努力下，江南私家园林在这一时期达到了中国古典园林艺术极为辉煌的顶点。许多名园成为明清皇家园林设计建造时学习的样板，深得当时中国最高统治者——皇帝的青睐和喜爱。在留存至今的皇家园林如北京颐和园、承德避暑山庄中，可以找到许多江南私家园林全盛时期精品美景的缩影。由于造园活动的普及和持久，在明清时期，专门从事园林建造的专业队伍逐渐形成了。以往造园常常和建筑工程混杂在一起，分工不明，到明代正式出现了专门叠山种花的匠人，叫作"花园子"。特别是假山的堆叠，是艺术性很强的工作，它要求匠人既懂得传统山水画的基本理论和山石表现的皴法，又要掌握打桩、平衡、悬挑等工程问题。从今日古园中遗留的明清两代假山来看，当时堆叠峰峦洞壑的技艺是很高的，具有浑厚的天然气势。特别是像张南阳、周秉忠、张南垣、戈裕良等名家的作品，更是巧夺天工，成为后代堆山的楷模。

对园林艺术理论贡献最大的是明末的计成。计成从小喜爱绘画并有很广的游历经验，中年以后开始在江南从事造园，曾为扬州、吴江等地许多文人墨客建造过园林，积累了丰富的经验。他以毕生的精力撰写了《园冶》一书，成为我国园林艺术的经典。书中，作者明确提出了"虽由人作，宛自天开"的艺术宗旨，表明了园林造景应该以自然雅致、宛若天成作为艺术的最高追求。在具体的园林创作中，必须做到"巧于因借，精在体宜"。计成以这两条中国园林创作的重要法则为主线，以江南私家园林的实践经验为基础，分章论述了园林艺术的规划布局、园地选择、堆山理水和借景对景等设计方法，同时还对建筑的"立基""栏杆""铺地""叠石"等具体的造景手法进行了详述。这是历史上第一次对中国园林艺术进行的全面、系统的理论总结，也确立了江南私家园林在中国园林艺术中的重要地位。

品评和鉴赏留存至今的江南私家名园，可以发现，它们往往具有下面一些特点。

第一是小中见大，以少胜多。从园林所处的位置看，私家园林多数是住宅和府第相连，成为城镇的府第园或宅傍园。在风景秀丽的城郊山水之间，也有不少私人花园。它的主人在城中还有正宅，因而是将花园作为春来看花、夏来避暑、秋来赏月的居处，是一种别墅式的园林。除了个别高官权贵的花园，不管在城里还是城郊，私家园林一般占地均不大，大的十来亩，小的仅几亩。这从现存的文人古园的题名上也可反映出来。如苏州有壶园，因其小，整个园林空间似一把茶壶而得名。还有残粒园、芥子园、半亩园等名园，皆以小而著称。小对建造园林是不利的，然而古代园林家却能自如地掌握艺术创作的辩证法则，化不利为有利，在"小"字上做文章，精心设计和布置，在有限的范围之内创造出无限的景色来，做到小中见大，以小胜多。"三五步，行遍天下；六七人，雄会万师"，人们常用这副楹联来形容中国古典戏曲以少胜多的高超技艺，其实文人园林亦然。它要在小范围内表现出大千世界的美景，就更要运用"以一当十"的艺术原则。园中各景，无论是假山水池，还是亭台廊

苏州怡园俯瞰

桥，甚至庭院一隅，均以小巧为上，能入画者为佳，其立基定位、排列布置，都要反复锤炼，以收到笔愈少气愈壮、景愈简意愈浓的艺术效果。

江南私家园林的第二个特点是富有文心和书卷气。"主人无俗态，筑圃见文心"，这是明代书画家陈继儒为其友人所作园记《青莲山房》中的赞语。由于私家园林一般均较小，容纳不了许多景，没有苑囿那种宏大壮丽，却别有韵味，能令人流连忘返，其关键就是园景中融合了园主的文心和修养。主人的思想境界越高，其园林所表现的文心与诗意也越浓。在造园的初始构思阶段，他们常如吟诗作文一般来对待园林创作。清代园林评论家钱泳从江南文人园林的构思布局中看到了造园与文学创作之间的共同点。他在《履园丛话》中说："造园如作诗文，必使曲折有法，前后呼应，最忌堆砌，最忌错杂,方称佳构。"游赏好的文人园林,便会感到画境中的一股文心,园景中的一山一水、一草一木、一亭一榭,似乎都经过仔细推敲,就像作诗时对字的锤炼一样,使它们均妥帖地各就其位,有曲有直,有藏有露,彼此呼应而成为一首动人的风景诗篇。如苏州网师园是江南颇有代表性的私家小园,园内的书斋庭院"殿春簃"作为我国古典园林之精华,已复建于纽约大都会艺术博物馆,其雅洁的格调、精巧的制作,深得参观者的好评。著名园林家陈从周曾这样来评论它的书卷气:"网师园清新有韵味,以文学作品拟之,正如北宋晏几道《小山词》之'淡语皆有味,浅语皆有致',建筑无多,山石有限,其奴役风月,左右游人,若非造园家'匠心'独到,不克臻此。"

江南私家园林的第三个特点,是其景色大多比较雅朴。"雅"是我国传统美学中独有的范畴,主要指宁静自然,风韵清新,简洁淡泊,落落大方。"朴",是指质朴、古朴、朴素,不求华丽烦琐。私家园林能做到雅和朴,是和以少胜多、以简胜繁密切相关联的。从使用上看,私家园林是人们休憩赏景、养性读书之处,所以园景一般都典雅清静,自然清新,没有苑囿风景中那种艳丽夺目的色彩。园中建筑几乎都是清一色的灰瓦白墙,木装修也多深褐色。台基及铺地或用青砖灰石,或用更为朴素大方的卵石、碎砖碎瓦等砌铺而成,其图案花纹也较多选用格子纹、冰裂纹或简洁的植物花叶式样。室内陈设也多为古雅的艺术品。就是作为园林各景区点景的匾额和楹联,也极为雅朴,或用木板,或用剖开大竹阴刻,以求自然古雅,与园林相协调融合。另外,江南私家园林中的建筑虽然相对比其他类别的园林要多,但除了主要厅堂之外,一般都融于山水景色之中。传统建筑以对称院落层层推进的布局方式与园中建筑相协调,如拙政园的"海棠春坞"和留园的"揖峰轩",分别是一间半和两间半的特殊小筑,完全脱出了正规建筑三、五、七奇数间的规范。这就是《园冶》所说的"半间一广,自然雅称"的最好诠释。

江南园林,特别是一些文人私园的植物景致,也十分讲究,多选易成活的乡土树种,以姿态好、便于管理为佳。据《江南园林志》载,清初文人徐日久曾说园林植物有三不蓄:"若花木之无长进、若欲人奉承、若高自鼎贵者,俱不蓄。"同时,一些山野村落中常见的榆、槐、柳等都是园中的佳选。如拙政园中部池上两岛"老榆旁岸,垂杨焰火,幽然丛出"的野山意趣,以及留园西部"漫山枫树,桃柳成荫"的城市山林风貌等均是江南园林自然质朴植物造景的范例。

江南私家园林的第四个特点是因地制宜,注重塑造园林的韵味特色。江南园林在布局和造景上,往往能不拘俗套,根据基地不同的环境条件,营建自己的个性特色。由于古代士人一般都具有较高的审美修养,对自然美较为敏感,又有丰富的游历经验,因此在构园造景时,能自觉按自然规律办事,因地制宜地处理好园中山石、水体、花木等景物的关系。不求景多景全而求其精,以突出自己园林的风景主题和个性。这和我国传统文论提倡的自然清新、不落窠臼,追求灵性神韵有较大关系。如南宋周密的《吴兴园林记》所记,当时名园三十六所,均有各自的景观特点:有的以景致苍古擅名,有的主赏水景幽邃,有的以玲珑奇石取胜,有的甚至以聆泉瀑观动水之声色美景为特色。这些园林的名景都是根据不同的环境条件而营造的。再看今天甲于天下的苏州园林,虽然总属江南水乡风格,有其一定的共性,但各园还是有着自己的个性:拙政园以水为主景,建筑简雅,具有朴素开朗、平淡天真的自然风格;留园以山池建筑并重,庭院玲珑幽静,亭台华美而不俗;网师园则以精巧幽深见胜,结构紧凑,有览而不尽之情致;沧浪亭苍古而清幽,富有山林野趣。就说园中最为引人注意的山水造景,其组合变化也极为多样。有的山水相依,水石交融。如拙政园中部,从主厅远香堂北望,池中两座山岛的平岗水矶互错互映,表现出一种平和协调的美。有的山水相争,成峡谷、成深渊。如无锡寄畅园的黄石大假山直逼水池"锦汇漪",临水山石壁立,一条小径沿石壁曲折在水中穿越,颇有绝壁浅滩的风景意味。再如苏州沧浪亭,并没有像一般造园那样,在小小范围之内堆山挖池,而是集中花园的全部土地,堆了一座土石相间的大假山,极为古朴自然,而与山相配的水是从园外借来的。造园师别出新意,让大假山缓缓坡向园子前边的界河葑水,营造出山水相亲的意味。为了使内外山水相和,在沿界不设高墙,仅有一曲廊依山麓起伏,贴水穿过,廊中置一水榭、一钓亭。这是江南文人园林山水景的一大绝唱。从以上三例,可以看出江南古代文人雅士的园林也和他们的诗文绘画一样,注重各自独特风格的熔铸和个性的塑造。这一点在今天鉴赏时应该格外在意。

江南私家园林最后一个特点,是在较小的范围之内,能使园林的游赏功能与居住功能密切结合在一起,实现"游"与"居"的统一。古代常将优游山水、耽乐林泉称为"游",而称在风景环境中读书、习艺、清谈和宴饮为"居",唯有达此两个境界,艺术才算完善。北宋画家郭熙说过:山水风景有"可行""可望""可游""可居"四等,只有达到"可游"和"可居"的境界,才能称为"妙品"。我国风景资源丰富,名山胜水的美丽景色曾使历代文人艺术家为之陶醉,山水游历成了一时的风尚,然而真正像隐士逸人和僧道弟子那样甘愿居于一隅山水之中的,终究为数很少。因此古代士人既想耽乐于名山大川,又不甘心放弃都市的世俗生活,存在着自然美欣赏和物质美享受的矛盾。然而,通过园林艺术家的匠意构思和特殊处理,能使这本来矛盾的双方辩证地统一起来。在城市宅府旁的私家小园中,这一特点就表现得格外明显。另外,我国古园常常以多变灵活的气候天象作为观赏的主题,如明代文学家王世贞自撰的《弇山园记》中,就认为自己这座花园最宜于花时、月时、雪时、雨时、风时和暑日赏景,人称"六宜"。要是没有遮风避雨的半室内游览线,赏景的情趣便会大打折扣。留至今日的江南文人园林,既重视自然美景的再造,又有厅堂书斋,讲究起居生活的舒适和方便,基本上做到了"可游""可居"的兼顾。这也是古代私家园林极为繁荣的根本原因。

北宋著名学者沈括曾著有《梦溪笔谈》,并以梦溪命名自己在镇江的小园。书中他曾这样记述了园中的丰富生活:"渔于泉,舫于渊,俯仰于茂木美荫之间……与之酬酢于心目之所寓者:琴、棋、禅、墨、丹、茶、吟、谈、酒,谓之'九客'。"耽乐于茂木美荫之间,或垂钓,或泛舟,但又不能忘情于文人雅士钟情的"九客",这种与自然亲近而又不偏废文化生活的追求,充分反映了古代士大夫知识分子对于我国古典园林游居结合的理想生活环境的钟爱。

园林篇

01 拙政园

位于苏州古城东北隅的拙政园,占地七十余亩,是江南占地最大、景色最开阔疏朗、艺术价值和文物价值最高的一座名园,与北京颐和园、承德避暑山庄、苏州留园并称"中国四大名园",1961年被列为全国第一批重点文物保护单位,1997年被联合国教科文组织列入《世界遗产名录》。

拙政园始建于明代正德四年(1509年),至今已有五百一十余年历史。它的第一个主人是御史致仕的王献臣。王献臣世籍苏州,弱冠登进士,博学能文,为人刚直不阿,不得帝王欢心,干脆辞官回乡。"拙政"二字,取自晋代文学家潘岳的《闲居赋》,意思是说治园圃、种菜蔬以供日常食用,悠闲自得,也不失为愚人的一桩乐事。王献臣将自己的园林题作"拙政",很有点自嘲的意味,同时又流露出中国古代士大夫常会有的留连山林、归隐田园的思想。

王献臣归居苏州后,和当时的著名文人文徵明建立了深厚的友谊。从建园一开始,两人就一起磋商,精心设计。由于基地地势较低,有些地方积水,他们就因地制宜,加以浚治,开挖成池塘湖泊;又因为园子范围较大,空隙地多,就妥帖地栽柳植桃,缀为花圃、疏

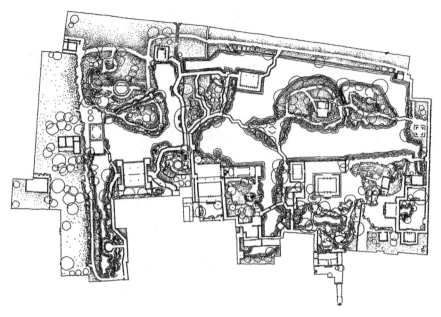

拙政园平面图

林;又在山水林木中参差错落地点置了厅堂轩楼和亭榭斋馆,这样就创造了一个以水景为主,疏朗简淡、自然典雅,富有江南水乡韵味的宅园。

园成之后,文徵明在嘉靖十二年(1533年),依照园中主要景色精心绘制了《拙政园景图》共三十一幅,每幅上均有题咏诗文,是我国古代集园林、诗歌文学及绘画等艺术于一身的珍贵艺术品。后来,清代著名画家戴熙又将文徵明所绘的各景集合成一幅完整的拙政园全景图。文徵明当时亲手栽植的一株古藤一直保留到了今天。

王献臣死后,花园被其儿子赌博输给徐某,未经几年,园子就渐渐荒芜,在很长一段时间被分割成东、中、西三块。

康熙十八年(1679年),拙政园改为苏松常道新署,由私人宅园变为官衙园林。1684年,康熙帝玄烨南巡时曾到过此园。以后,园子逐渐散为民居达六七十年之久。

咸丰十年(1860年),太平军进驻苏州,忠王李秀成将花园并东西两面的民宅合建忠王府，又一次对花园进行大规模修建。相传现在拙政园的见山楼就是当年李秀成办公治事之所。但花园还未建完，太平天国就灭亡了。

进入民国以后，东部的归田园居久已荒废，中部、西部也因连年战乱，无人打理而渐渐残败。一代名园已不足欣赏。

1951年拙政园划归政府管理，延请专家名匠对中部、西部规划整治，按原样修复，于1952年竣工，正式对游人开放。1954年起开始逐步修复东部，历史上分而隔之的三部分重新合而为一，古老的拙政园以新的完美风姿再次展现在人们的面前。

拙政园原大门在中部主厅远香堂南。从临街大门穿过紫藤小院到花园的正式入口腰门，要步过一条长长的夹弄。腰门磨砖制作，雕刻精细，上悬隶书贴金的"拙政园"匾。门内游廊前，立着一座山骨嶙峋的黄石假山。山上草木葱茏，下有曲洞，挡在门前，使游人入园后仍然不能马上窥到山水的明秀景色。这就是园林艺术中所称的"障景"。要是你想看景，就必须依"左通"曲廊绕过假山，或者步下石阶，沿小径穿过山洞。熟悉《红楼梦》的游赏者见到这一进门的格局，就会很自然地想起那部文学名著中所描写的大观园进口处的布置。晚清的一些野史杂记中，常有论及拙政园与大观园的关系。

绕过进门的一带翠嶂，便可见园中的主要厅堂"远香堂"。此堂为四面厅，南北为门，东西皆窗，四边均可赏景。南边是小桥、清池，广玉兰数株，枝叶扶疏，树后池对面便是用作入口处障景的那座黄石假山。山岩古拙，老榆依石，幽竹摇曳，坐厅中南望，真是一架自然山水的屏风。北边是临水的大月台，是这座主厅最好的看景处。粼粼清波直接台下，池中一东一西立着两座土山，山上林木苍翠，磊石玲珑，山顶树丛里露出小筑的飞檐翘角。这里水面开阔，夏日荷花满池，清香四溢，故取名远香堂。

远香堂

　　远香堂东南隅有道起伏的云墙,墙外是中部山池景色,墙内是
一座园中园——"枇杷园",刻在云墙洞门上的朴素题名,点出了小
园的景色特征。这里植有多株枇杷,每至初夏,一片葱翠的树枝上
金果累累,很有点村舍小院的风光。

　　它的南边是"嘉实亭",亭后白墙上开一空窗,正好框住亭后
的石笋翠竹,远看还真以为是挂在墙上的一幅竹石小景,其匾额为
"嘉实",与枇杷小园能很妥帖地呼应起来。"玲珑馆"突出于围廊
之前,馆的南边是一座纯以太湖石堆叠的假山,山形玲珑,宛如天
上云彩。一道分隔小园的云墙依山势斜上山去,山上小巧的"绣绮

亭"翼然而立。造园家以云墙、假山、月洞、花窗和回廊灵活地将小园从大的山水空间中分隔出来,使大小两个游赏空间既分又通。当你在清一色卵石铺砌的地坪上缓步游赏,偶尔返回身去,竟然又可以透过月洞形的院门看到水池对面的小山顶上的"雪香云蔚亭"。这一巧妙的对景借景在我国古园中是很出名的,更增添了这座小院的华彩。

"听雨轩"在嘉实亭东,轩前一泓清水,池边栽着芭蕉、翠竹,轩后也植芭蕉。要是雨夜在此赏景,可闻"芭蕉叶上潇潇雨,梦里犹闻碎玉声"。这一雅静的庭院看起来很是封闭,实则处处畅通,面面玲珑,透过空廊、漏窗和小门,院外的亭阁山石,均隐约在望。

由听雨轩循廊折向北游,又有一独立的小院,题作"海棠春坞"。院中建筑朴素雅洁,它不拘泥于旧制,在结构上应用了半间的形式,共一间半,表明了园林小筑随宜的格调。小轩两边,各配一个小天井,分植海棠、天竹;轩前院子布置得很是素净,依壁山石造景旁,仅海棠二株,翠竹一丛。

这几处相连的园中小园,精雅小巧,各有自己的主题,与外边的大山水风景是一个很好的对比。同时,它们又通过门洞、漏花窗等与大的风景空间相互沟通,彼此呼应。

院东便是分隔拙政园东部的长廊,环境极清幽。要是出院门沿长廊再向北,就又回到了主要的山水景区,走不数步,就到了"梧竹幽居"。

要去池中的岛山上游览,必先经过此梧竹幽居小亭。这座小筑造型特殊,顶是方锥形的,在古建筑上称作四角攒尖顶;平面正方,每一边方墙上又各有一个圆形洞门。在东部长廊中漫步,可通过此亭的两道圆环看池中山水,极有趣味。亭周广栽梧桐、翠竹,十分幽静。隔着纵深很大的水面,西边游廊上的"别有洞天"半亭隐约在望。再远处,北寺塔影正好借进园来。这些景色往往使游人情不自禁地停下来细赏,而它的额对,又能将观赏者引入更高的境界。其联曰"爽借清风明借月,动观流水静观山",不仅道出清波粼粼、假山磊磊的动静对比,还借入了大自然的清风明月,构成了虚实相济的迷人意境,不能不令人心醉!

走过梧竹幽居,便踏上池中两岛。东岛较小,然而高耸陡峭,山顶设一座六角形的"待霜亭",亭旁种橘数株,正合霜后赏橘之意。周围翠竹绿树四合,东、西、南则与"雪香云蔚亭"、"绿漪亭"及"绣绮亭"隔水互为对景。西岛较大,山势较为平缓。两岛间以一溪相隔,上架小桥,桥旁幽篁丛出,古树扑水,沟通池北池南的涓涓清流,好似与树上莺歌蝉唱相酬答,景色富有诗意。西岛之巅,雪香云蔚亭翼然而立。此亭高踞一园之上,四周又多植梅,冬春开花,冷香四溢,故名。亭柱上有一联,上书南朝梁代诗人王籍的名句"蝉噪林逾静,鸟鸣山更幽",点题贴切。要是从远处看来,这两座岛山一片苍莽,青翠欲滴,极富自然野趣。

中部另一处富有田园趣味的小景是东北角的绿漪亭。小亭北倚界墙,南临水池和东边山岛。亭西沿池岸栽植垂柳、梅花、碧桃,花时灿烂如锦;而南岸双岛山林屏障,隔绝繁华,北面沿界墙栽种一排翠竹,顺小径西行,但见竹枝共芦苇摇曳,别有一番乡村风味,故此亭又名"劝耕亭"。这里和枇杷园一样,是阐发拙政含义的重要小景。

拙政园的特点是水景,其中尤以中部的水景格外迷人,水面差不多要占到五分之三。在雪香云蔚亭中倚栏俯望,四面皆水,所有浓树翠竹、假山石峰、亭台建筑,都依贴水面。西南方,山岛伸出一只三角形的半岛小脚,池水周环。在这三角形的小半岛中央,立着一座六角形的小亭——"荷风四面亭"。亭悬楹联"四壁荷花三面柳,半潭秋水一房山",富有诗意地渲染了此处景色特点。

"见山楼"位于荷风四面亭西北池中。此楼虽然以见山为名,但三面环水,主面向北。由于这里是水池的西北隅,与四周景色间隔距离均较远。从前登楼赏景时,北墙外没有楼房遮挡,可以望见城外的虎丘山。推窗南眺,从近到远,则有曲桥、四面亭、香洲、廊桥,直至"小沧浪水院",水面从开阔至狭窄,从坦荡至幽邃,山水、树石、建筑,层层叠叠,深远多变。

为了充分发挥水景的优势,造园家还别具匠心地创造了我国园林中很罕见的别院水庭景色,这就是小沧浪水院。

小沧浪一区在远香堂西南。从"倚玉轩"南边游廊向西,便可见一廊桥跨水而去,青瓦朱栏,桥身略呈拱形,清风徐来,水中倒影随波晃动,恰似彩虹一道飞越池面,故取名"小飞虹"。廊桥正南,有水阁三间架于池上,南窗北槛,两面临水,这便是著名的小沧浪。进水阁凭窗南望,是一个幽静的水庭,除了南壁界墙前栽点竹石外,其余全是水面,碧水从北边大池穿阁而来,阁静而水流,形成很独特的小院水景。水阁北边是大池从四面亭处分出的一个水湾,合着对面横于水上的小飞虹廊桥,又构成了一个开敞的水院。如果在水阁槛外轩廊中北眺,透过廊桥的栏杆,掠过"荷风四面亭",可望到远处见山楼。在纵深七八十米的水面上,层次众多,景观深远,湖光倒影,满目清新。

这一幽静的水景院落原来是园主人的读书之处。水阁内悬有一副对联"茗杯暝起味,书卷静中缘",对这景点恬静、闲适的气氛是一个很好的概括。阁外步柱上挂联"清斯濯缨,浊斯濯足;智者乐水,仁者乐山",更是园主心情的奥曲流露。

我国园林艺术的理水,有聚、散之分。一般说来,小园之水以聚为主;大园的水面,则要适当分散。拙政园水面大,就以"散"为理水主要之法。池中二岛将池水一分为二,又有见山楼、香洲、小沧浪等临水建筑分隔水面,这样就使池水曲折绵延。但散不等于零碎,而是有分有合,隔而不断,虚实结合。岛山虽实,但却分成两座;四

鸳鸯厅内景

面亭所处的小水洲虽实，却两面有穿透曲桥可通。从桥上看来，池水似乎是隔断了，但桥下流水依然，而且有了桥的遮挡，池水更有层次，现出一派江南河汉水乡风光。

从小飞虹廊桥往西，穿过石舫便到了拙政园很著名的半亭，位于中部和西部的边界上，题额为"别有洞天"，意思是说，穿过这亭后的圆洞门，就会有另一个美丽的世界在等着你。那里便是原来基本上自成体系的张氏补园，也就是拙政园的西部。

当年张氏建造补园，为了能借赏中部的山池景色，在靠近隔墙的假山顶上造了一座小亭，亭高出墙顶，可隔墙浏览东面拙政园的水光山色，而向南看，则自己园内的假山景和倒影楼又完全摄入眼帘，故而题名为"宜两亭"。这是我国园林中隔园相邻借景的佳例。

我国古典园林极重视借景。计成在《园冶》中总结道：借景有远借、邻借、俯借、仰借、实借、虚借、因时而借等。拙政园的借景也有多种形式，如梧竹幽居的借风借月是因时而借；旱船香洲和得真亭中置有大镜，能将对面的景致借入室内，这是虚借。然而，简洁明了地点明借景主题，使游赏者能立即领悟艺术家匠心的唯有宜两亭一处。

从宜两亭下，便可到拙政园唯一的一座鸳鸯厅，这是西部的主要厅堂。所谓鸳鸯厅，是在一个屋顶之下南北分成两部分，中间用隔扇及雕花挂落进行分隔；结构上南北也用不同形式，一边用圆作（即用刨光原木作梁架），一边用扁作（即用方材作梁架，上施雕花）。这座鸳鸯厅南馆宜冬居，前有小院，栽植多株名贵的山茶花。山茶花别名曼陀罗花，所以南厅题作"十八曼陀罗花馆"。北馆临大池宜夏居，夏日依窗小憩，可观看荷花池中驯养的鸳鸯戏水，额匾就题作"卅六鸳鸯馆"。

除了春天赏山茶花，夏日观荷纳凉之外，此厅还是园主人宴待宾客、听戏唱曲的场所。

为了适应宴客和听曲的需要，在房屋的设计上，此厅也有很独到的考虑，采用了连续四卷的卷棚顶作为厅堂的室内顶棚。卷棚顶是弧形的，能反射声音，增强乐器和演唱效果。在厅堂的四角门外各加建了一间耳房，形成一大厅带四间小耳房的格局，在使用上可大起作用：一是冬天可阻挡进门时带进的寒风，具有门斗的作用；二是在宴会迎宾时作为仆从等候之处；三是在听曲看戏时可作为临时的后台。

从中部流来的池水经过卅六鸳鸯馆之后，来了一个转折，并突然变窄，成为一条溪流，轻轻向南流去，两边栽植桃、柳、梧桐等，颇有小溪幽谷的趣味。循馆西游缘溪行，可到"塔影亭"。亭筑于水中，两边小溪相绕。这里是拙政园的西南角，据说当年园外尚无房屋遮挡，于此可以看西边北寺塔的倩影，故名塔影。

绕塔影亭走涧西小道直向北，可到留听阁。阁前有大平台，台边临水，东南由曲桥可通鸳鸯厅。池中植荷，仲秋夜雨，于此聆听雨打残荷滴答声，确实是饶有风趣的，所以摘李商隐"留得枯荷听雨声"之句，名为"留听阁"。

由留听阁后小道登山，可登上"浮翠阁"。阁踞园中最高处，八角双层，更增其高，登楼四望，满园葱翠。对面小岛上又有一形似笠帽的小圆亭"笠亭"相陪，更衬出此阁的高耸。在这小亭的东南，有一座平面为折扇扇面形状的小轩，轩门轩窗均作扇形。此轩凸出于小岛东南角，隔池与滨水长廊相对，是看水赏月、迎风小憩的好地方，取苏东坡名句"与谁同坐？明月，清风，我"的意境，题作"与谁同坐轩"，非常高雅，充分体现了中国文化中对人与自然和谐的重视。小轩对面的长廊是园内不可多得的一景，它从别有洞天向南贴着水面直达池北端倒影楼。廊有转折起伏，因地势而异，它既是人们赏景的一条精彩游路，又是凌波点缀的一条彩带，是西部山水景的点睛之笔。

拙政园在二十世纪五十年代将原已荒废的东部加以修复扩建，新建了坊式大门，游园路线也随之改为从东部进入。东部原为明代崇祯年间侍郎王心一的"归田园居"，建有"兰雪堂""芙蓉榭""秫香馆"等小筑，配有大片草地、一泓曲水，显得开朗疏淡。由此处漫步走进景色精彩纷呈的中、西部，倒也不失渐入佳境的铺垫作用。

拙政园是中国古代私家园林中的典范，清代学者俞樾誉之为"名园拙政冠三吴"。五百余年来，拙政园几经名人行家居住和陶冶，不仅园景构筑臻于精美，而且文化内涵也益增深化。一代名园，当永续传世。

02 网师园

在苏州古城东南的阔家头巷深处，掩藏着一座小而精雅、富有书卷气的古典私家宅园，这便是名动中外的网师园。网师园始建于南宋淳熙年间，侍郎史正志被罢官后来到苏州，在此建万卷堂和渔隐花圃，后废。到了清乾隆年间，此地为光禄寺少卿宋宗元所得，因宅园面临王思巷，就改名为网师园，既取其谐音，又与"渔隐"同出一意。不几年，园又荒废了。三十年后，画家瞿远村按原来的范围重新规划布局，叠山理水，种树莳花进行修建。当时著名学者钱大昕在游园后做过这样的评价："地只数亩，而有迂回不尽之致；居虽近塵，而有云水相忘之乐。"

民国后，军阀张作霖曾以此作为礼物送给他的老师张锡銮，易名为"逸园"。张锡銮常年居于北方，此园就租给了书法家叶恭绰和画家张善孖、张大千兄弟。这三位都是文化修养很高的学者名家，他们在工作之余，也常常亲自治理园圃，点玩山石，植兰栽竹，陶冶性情，培养灵感。张善孖善画虎，为了能朝夕观察虎的各种姿态，他特地在园中饲养了一只幼虎，称其为虎儿。此虎后因畜养不善而亡，张善孖将其遗骸葬于园中花坛，张大千竖碑留念，至今碑尚存

"殿春簃"前。

1940年，书画文物鉴赏家何亚农买下逸园，根据园内所留文史旧规进行全面整修，并恢复网师园原名。1950年，何氏后人将园献给国家，经苏州市人民政府再次整治后，于1958年10月正式对外开放。1982年网师园被列为全国重点文物保护单位，1997年与拙政园等一起被联合国教科文组织列入《世界遗产名录》。

网师园总体格局上，东部是住宅，西部是书斋小园，主要的山水景色都集中在中部，是游览欣赏的主要区域，习惯上将中部称为大园。

我国古典园林，均十分注重水景的创造，江南园林，更可以说是无园无水。有了水的映照，园中山石、花木或建筑便有了生气。网师园和拙政园一样，也是水景为主，但两座名园的处理却大不相同。拙政园因其分散绵延之水景为特色；网师园因为园小，就以集聚之水景见长。在网师园大园的中央有一个二十来米见方的荷花池，名为"彩霞池"。池四周假山、建筑和花木布置得疏密有间，高下宜人。其中位于水池四周东、南、西、北向的四个景点："射鸭廊"、"濯缨水阁"、"月到风来亭"和"看松读画轩"，它们分别主赏春、夏、秋、冬四季不同的景色，人称四季景。

春景射鸭廊在水池的东北角上，这里紧靠着住宅部分。廊西临池，槛外地上点植着一丛丛小灌木迎春藤，当万物尚处于冬眠之际，它那垂向水面的翠条上已缀满密若繁星的金花，预报着春之将临。而射鸭则是古代士大夫的一种游戏，在欣赏风景中增添了生活乐趣。廊北是"竹外一枝轩"，和廊首尾相连，环池形成一个曲尺转折，轩低平近水，栏前池岸边松梅盘曲，低枝拂水，新竹葱翠，建筑玲珑，景名取苏东坡"江头千树春欲暗，竹外一枝斜更好"的诗意，将竹枝与春水直接联系了起来。

夏景濯缨水阁在荷池之南，与东边云岗黄石假山为邻，正好与

彩霞池畔射鸭廊

春景犄角相对。水阁坐南朝北,前边临水一面开畅空透。它临水向北有两个好处:其一是看景点北向,则所看主要风景皆向阳,山石竹树,建筑亭台在阳光下,其阴影虚实的变化,就格外真切;其二是北向可避免阳光直接照射,室内就清凉宜人,加上水面上不时吹来的习习凉风,能激发出游赏者最大的审美感受。"濯缨"的典故出自古代歌谣"沧浪之水清兮,可以濯我缨;沧浪之水浊兮,可以濯我足"。

秋景月到风来亭是赏月佳处。亭在池西岸凸出水中的高阜上,后面有曲廊南通濯缨水阁,北去看松读画轩。唐诗人韩愈有诗云:"晚色将秋至,长风送月来。"亭名就是取这诗意。每当秋时明月初上,在此待月迎风,堪称园中一绝。翘首仰望天上一轮皓月,俯视池面,银光荡漾,月沉水中。除了天上真月、水中影月之外,造园艺术家还在亭中置了一面大镜子，每当赏月者仰观、俯视之后，偶尔回头一望，会出乎意料地发现镜中还有一个月亮。三轮明月，虚虚实实环映在你周围，此景此情，不由得使人在心中萌发出对我国园林艺术的由衷赞叹。

在我国传统的美学理论中，虚实相济是很重要的一个内容。月到风来亭将天上真月、水中影月、镜中虚月巧妙地融合在一起，是园林艺术中应用虚实相济理论渲染意境的大手笔。

冬景看松读画轩在水池尽北头，朝南三间正房是网师园的主要厅堂。它的东边有廊可通集虚斋和竹外一枝轩，西边一墙之隔便是殿春簃。大荷花池西北隅的一个小水湾上有三曲平桥可通。另一边则是小巧的叠石假山，前面湖石砌的花坛、峰石之间，有古松三株，傲然屹立，传说是宋代建园之初所植，已有近千年历史。树虽古拙苍老，但依然枝叶青葱，虬曲老根盘结在苍苔顽石间，犹如一幅真实的古松奇石图。透过古树枝丫和峰石，则是一片开阔池水，对岸的濯缨水阁和云岗假山远远地在招呼，山石后还露出了"小山丛桂轩"的一角倩影。在这里，艺术家利用良好的朝向，布置了多层次的景物，特别适合隆冬观赏。要是在冬天临轩窗外望，在近处是古松虬枝、平桥石峰，中景是逆光中碧波粼粼的亭廊倒影，远处则是池南的山树小轩，景致深远、层次分明，网师园中部山水风景画面悉呈眼前。

彩霞池东南角在黄石假山间留出的水口和小涧，是分而理水的佳作。这一小溪除了延伸水面之外，还有着暗示源头的作用。

溪水断路就要架桥，造园师在水上架了一座颇有名气的小景桥——"引静桥"，俗称三步拱桥。这水口宽不过三尺，小拱桥玲珑精细，小巧逗人。而作为小桥配景的附近池岸石矶，也极有变化：有的出水留矶，使石岸逐步降低，成天然台阶形，好似山石浮于水上；有的石岸贴水挑出，看上去仿佛是水从石下流去，使人莫知池

引静桥

木雕门罩

　　水之深浅，加上石缝中随风摇曳的书带草、常春藤等植物的衬托，这一小桥显得格外楚楚有致。

　　小溪从引静桥下流入，绕过园中主要假山——黄石堆成的"云岗"，终止于山林围绕的另一处精华之景——"小山丛桂轩"之东。这座敞轩是一座四面厅，离园东部住宅不远，有游廊可通。网师园是座小园，花园紧依住宅之西，两者虽只一墙之隔，却完全是两个不同的天地。东边是传统式的严谨的官家住宅院落，沿中轴线规则对称排列着的是门厅、轿厅、大厅、后厅；但只要穿过轿厅西侧嵌有砖刻"网师小筑"四字的小门，那自由活泼、变化多趣的园林风光便扑面而来。对比强烈，能给游赏者留下一个深刻的印象。

因为小山丛桂轩是从前门入园游览的第一个景点，轩南轩北又都是小山，所以取北魏诗人庾信《枯树赋》中"小山则丛桂留人"的意思，题名为小山丛桂轩，有着迎接宾客，款留友人一起来赏景的寓意。

穿过假山间的小道和曲廊西行，可到"蹈和馆"。"蹈和"是履贞蹈和的意思，寓和平安吉。这里原来是园主人宴请客人之处。馆内由小门入，可达另一个环境幽静的小庭院，院门上题额为"琴室"，旧时为操琴之所。从"网师小筑"侧门入园，游廊曲径串起一个又一个的小庭院，正所谓"庭院深深深几许"了。它们既有着各自的景色特点，是主景区之南很重要的游赏区，同时又能进行宴客、操琴、读书等多种生活起居活动，是住宅部分在花园中的有机延续。这种格局，在城中宅邸私园之中是很有代表性的。

殿春簃在网师园西部，是一所独立的小园。从中部山池朗朗的园中，步过西墙上一个刻有"潭西渔隐"的小小洞门，便仿佛来到了又一洞天：一片素色鹅卵石铺就的地坪连接着北边三间小小的斋屋，旁带几楹曲廊，素静之极。它的题名亦十分富有诗意。按字面解释，"簃"是指在楼阁边用竹子搭成的小屋；而"殿春"则指暮春开放的芍药花。以殿春簃作为园中小园之题名，既点出了主题，交代了时空，又显得谦虚朴素。

这里原为园林主人的书斋，院内坐北朝南是小轩三间，西壁又附带着一间复室，轩北数步，便是界墙。在建筑和高墙之间狭长的院落中，疏松地种了竹子、芭蕉、腊梅和天竹，还点了几株松皮石笋。

斋屋南边的布置，更显出古代文人小园以虚带实的雅素风格。斋前一色鹅卵石花街铺地直到边上的花坛，十分平整洁净，四周则是淡灰色太湖石砌的花坛，高出地面一两尺。小园中实景并不多，除了花坛中的芍药，还点了一些珑玲多姿的石峰，植几株紫薇、腊梅。这些景物，均在周边布置，斜阳一照，其影子投在作为衬景的白墙上，分外好看。很显然，在这一小园的艺术构思中，造园家充分发扬了中国传统艺术理论中"计白当黑"的方法。

小园的点睛之笔是"涵碧泉"一景。造园家在西南角墙根下掘地得泉，因泉水晶莹清澈，就名之为"涵碧"，四边用湖石砌成小潭。此小池与花墙外的大池取得了绝妙的呼应。紧靠泉潭北，建一亭名"冷泉亭"。艺术家巧思创造，在局促的地盘里将原本很小的亭子再切去一半，只用两根柱顶起了半个屋顶，紧靠着界墙上，形成一座半亭。这一别具匠心的精深构思深得人们的称赞，以至于园林专家陈从周评说道："苏州诸园，以此小园为最佳。"

1981年殿春簃又传出一段佳话，缘起美国纽约大都会艺术博物馆基金会董事阿斯特夫人。阿斯特夫人曾在北京度过童年，美丽的中国园林景色一直魂牵梦绕在她的心头，她决定在博物馆建造一所集中国古典园林艺术精华的小型花园。1977年，博物馆东方艺术部顾问、华裔著名艺术史家、普林斯顿大学东方艺术系主任方文教授受阿斯特夫人委托访问中国，寻找合适的园林建筑。在上海，方文与园林专家、同济大学陈从周教授再三商讨，最后选中了苏州网师园的殿春簃。经过中美双方艺术家、技术人员和工人的共同努力，这一精致的中国古典园林艺术品被按照原样仿建到大都会博物馆二楼，英文名为"阿斯特庭院"，中文名称为"明轩"，作为永久性的展品和中国的文化使者，呈现于各国参观者面前。这座艺术建筑获得了极大的国际声誉。

03 沧浪亭

　　沧浪亭位于苏州城南三元坊附近，是现存苏州古典园林中历史最悠久的园林之一。此园最早为五代末孙承佑的别墅，临水堆土成山，广植林木，后至北宋庆历年间，著名文人苏舜钦被朝廷削职，举家南迁，以四万贯钱购得孙氏遗业。爱其"崇阜广水，草树郁然"，有别于城中其他地方的景致，取《楚辞·渔父》中"沧浪之水清兮，可以濯吾缨；沧浪之水浊兮，可以濯吾足"之意，名之为沧浪亭。苏舜钦甚为惜爱此园，作《沧浪亭记》记之。其友著名文学家欧阳修又作长诗《沧浪亭》，此园更随美文而传颂一时。苏舜钦之后，此园曾几经易手。南宋绍兴年初，抗金名将韩世忠曾居住于此，一度名为韩园。元、明两代改为佛庵。至清康熙三十五年（1696年），江苏巡抚宋荦见此名园颓败，乃拨田重修，将原临水之沧浪亭移于土山之上，并按苏氏园旧名构建厅堂轩廊等，造石桥作为入口，成现今格局，但规模已逊于宋代。道光八年（1828年），巡抚陶澍在园中建五百名贤祠，后咸丰年间毁于战火。同治十二年（1873年），布政使应宝时、巡抚张树声重建名贤祠，增建明道堂等。抗日战争时期，此园被日军占驻，遭严重破坏。1953年，苏州市人民政府拨款整修此

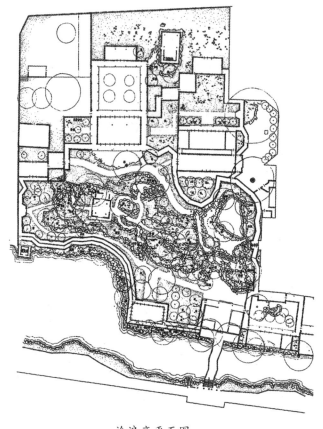

沧浪亭平面图

园,恢复清代旧观,于1955年春节正式对外开放。1982年沧浪亭被
列为江苏省文物保护单位,2000年被联合国教科文组织列入《世界
遗产名录·苏州古典园林增补》。

　　沧浪亭园林临水而建,古葑溪沿园北墙自西向东而流,两侧叠
石为岸,古树掩映。小河穿过入园石板平桥,水面陡然开阔,隔河相
望南岸园景,复廊透迤,透过漏窗,园中秀色可窥而不可即。这便是
造园手法中"以水环园""借水成景"的典型范例。

　　入园门需跨过一座石桥。园内北边沿河建了一条复廊,把园
外的宽广水面和院内堆土而成的假山连在了一起。这条复廊在苏
州园林的建构中堪称一绝。复廊是廊中有墙相隔,隔墙上筑有漏花

窗,内外景色可以相望,但人不可通达。沧浪亭的复廊一边是山,一边是水,富有情趣。复廊西头是面水轩,题额"陆舟水屋"为清代著名画家吴昌硕亲笔。近代著名画家颜文樑借沧浪亭创办苏州美专时,曾在此轩内接待过画家徐悲鸿夫妇,也曾请京剧艺术大师梅兰芳在此挥毫作画,留下几多佳话。沿外复廊向东走,尽头有一座三面临水的方亭名"观鱼处",亭内四扇白色屏门上有当代书法家蒋吟秋隶书

廊中瓶门

之苏舜钦的《沧浪亭记》,文章、书法皆为上品。坐此亭中,既可观鱼,又可赏文,岂不快哉。

　　出复廊南望,便见隆然升起的土山——"真山林",四周山脚垒石护坡,混假山于真山之中,颇具天然野趣。沿磴道而上,石径盘旋,林木森然。抬头见一亭即"沧浪亭"高高在上,这里是苏州各园中山景较佳的一处。至山顶,四周古树参天,风声飒飒,细观亭上集苏、欧诗句的楹联"清风明月本无价,近水远山皆有情",不免心旷神怡,怀古之意油然而生。

　　缓步向西下山便见一深潭,与山丘正成对比。潭边怪石突兀,草萝丛生,野趣十足。此潭传为宋代遗物。绕过水潭顺着碑廊便来到建筑相对较多的区域,而"明道堂"和"五百名贤祠"是这里主要的两组建筑。明道堂在真山林南,是园内主厅,高大宽敞,为园中主厅。厅前有宽广的石板庭院,可供文人雅集讲学之用。厅两侧有

西部小院

回廊与南面的"瑶华境界"相连，组成一个四合院式的空间。清代瑶华境界处曾建戏台，侧有厢房，是官绅观戏的地方。这类建筑在苏州古典园林中并不多见，也可知沧浪亭在历史长河中逐渐由私家宅园演变为公共园林的过程。自明道堂向西即是竹林围抱的"看山楼"。看山楼一层以石砌成石屋，名印心石屋，内置石几、石凳，十分幽奇。由看山楼再向北穿过"翠玲珑小轩"和"仰止亭"，就来到始建于清道光年间的五百名贤祠，内壁上镶刻有从春秋至刻石时止，历史上与苏州有关的著名人物石刻小像共五百九十四位，他们都曾为苏州的经济、文化、社会发展做过贡献，苏州士民勒石纪念之，也堪称美谈。

沧浪亭现存园子的格局中，其清代增建的南部建筑院落部分被公认为不够理想，其最为精彩之处是园子与外部水体的连接部分，复廊和渡桥而入的巧思既成全了园内借水成景的愿望，又隔绝了河对岸城市的喧闹，体现了"大隐隐于市"的古人情怀。沧浪亭悠久的历史,千百年来众多名人雅士的造访留文,为其增添了更多神秘而隽永的魅力,走进这座园林,能够唤起人们对历史无限向往和亲近的冲动。

从园外看陆舟水屋

04 艺圃

艺圃,地处苏州古城内吴趋坊文衙弄,为明代宅第园林,现占地约0.38公顷。1984年苏州市人民政府将艺圃重新修复对外开放,1995年被列为江苏省文物保护单位,2000年被联合国教科文组织列入《世界遗产名录·苏州古典园林增补》。

明嘉靖年间,学宪袁祖庚罢官归隐,在此建园自居,名"醉颖堂",后归文徵明曾孙文震孟所有,题名"药圃"。文徵明为明代著名文学家、书画家。文震孟天启二年(1622年)考中状元,官至礼部左侍郎兼东阁大学士,因得罪朝贵而落职归里。其弟文震亨为著名造园家。文氏兄弟于此开凿水池,精心构筑。庭园布局简练,开朗朴实,园中以水为聚,聚中有分,成"方广而弥漫"。池南假山用土堆成,围以湖石,上植树木,有"千章之木,百岁之藤","迤逦而深蔚",时称"房栊窈窕,林木交映,充满野趣",是苏州古城西面最佳的花园。

清初,姜埰寓此,更名为"敬亭山房",后易名"艺圃",又经其子姜实节拓建。当时著名文人汪琬曾作《姜氏艺圃记》,又有《艺圃后记》,文中甚为推崇几代园主高风文雅,并详细介绍园中景观,

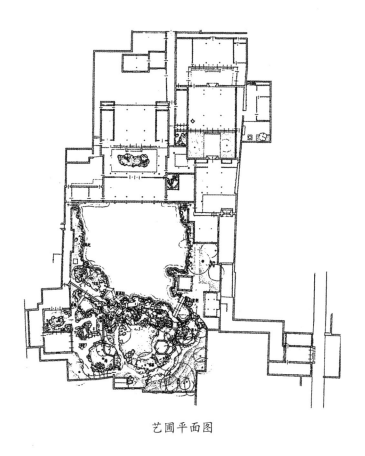

艺圃平面图

盛赞艺圃静谧的环境与清丽的景象。

　　艺圃占地面积不大，总体布局以水池为中心，其南堆湖石假山，山石嶙峋，巨木荫蔽，有山野情趣。假山临水，东西各有水湾，架有低平三折石桥，横卧水波，石矶、石台沿岸皆成风景。池北有水榭"延光阁"，取名自晋代阮籍"养性延寿，与自然齐光"之名句。阁面阔五间，横挑池上，为苏州园林中最大的水榭。由于临水空架，虽体形宽大，却无壅塞之感。阁前水池虽只一亩有余，但从阁内临窗南眺，对面湖石假山由水面渐次上升，至山顶有亭名"朝爽"，伴有古树森森，回眼下观湖水清澈，群鱼贯游，不免令人心静神怡。

　　延光阁两侧厢房，东为"旸谷书堂"，西为"思敬居"，皆临水。延光阁北有"博雅堂"，为园中主厅，面阔五间，屋顶硬山造，宽敞质

乳鱼亭与石板桥

朴,堂内木柱上装饰有木雕纱帽翅,柱础为覆盆式青石上叠扁圆木鼓墩。四周墙脚用青砖勒脚,青石阶沿,一望便知是道地的明代建筑式样和遗物,弥足珍贵。

池东南有"乳鱼亭",为典型的明式古亭,亭为四角单檐攒尖顶,古朴雅致,突于池上,四窗敞空,柱间置美人靠座位,闲坐于此,可数幼鱼,可览树石。亭内梁枋上留有彩绘花饰,历次修缮均能尊重原物,未用新漆涂抹,而留存了历史的真实,是苏州古典园林中的珍品。

池西依岸筑有长廊,曰"响月廊",想是从姑苏台的响蹀廊之名而来。廊中设有半亭,于此以赏池中明月秀色。廊尽端进入"芹庐",这是自成一区的一组庭院,实为园中之园。房舍成凹字形,静谧安适,旧时为主人读书之处,后被毁废,1982年开始修复艺圃时重建,仍以原名分别命之曰"南斋""香草居""鹤柴轩"。

芹庐前有"浴鸥池",池边倚墙有壁石峰峦,杂植花木,大片粉墙上藤蔓垂挂,枯枝嫩叶恰似白纸图画。北墙上开月洞门与园外相连,可窥得大园景色,且池水与外池相连,是大园中的小园,是大池边的小池,内外呼应,别有洞天。

艺圃园子之格局是明代留存下来的,部分建筑也具有较多的明代遗风,而能使后人具体揣摩,实为难得。此园民国年间散为民居,破败不堪;后遭"文革"灾难,更惨遭破坏,沦为工厂车间,水池已完全湮没,堆满垃圾,有的石峰竟被拉走烧制石灰!1982年重修时,幸有同济大学陈从周教授藏得旧资料和老照片,并来苏州具体指导,才能够重现旧貌。

05 狮子林

狮子林位于苏州古城东北隅,1982年被列为江苏省文物保护单位,2000年被联合国教科文组织列入《世界遗产名录·苏州古典园林增补》。

其地原为宋代废园,宋徽宗时广搜太湖奇石,后有部分异石散置园中。在元代至正二年(1342年),维则禅师与其弟子在此建师子林菩提正宗寺,又因竹林之中留有奇石,状似狮子,亦称狮子林(师、狮通用)。初建亦无宏楼伟阁,仅是僧人读经谈道的处所,建筑房舍多为禅家题名,如"卧云室""立雪堂""问梅阁""指柏轩"等,留名至今。彼时房舍不多,仅有土丘竹林,山峰离立,有"狮子""含晖""立玉""吐月""昂霄"五峰相峙。后至明洪武六年(1373年),著名画家倪瓒过此,作画一幅,描绘了狮子林全景并题诗。后又有徐贲作《狮子林十二景图》,均为皇家收藏而名声大振。清朝皇帝康熙、乾隆先后几次来游,大为欣赏,题写匾额,吟诵诗作,乾隆帝并按照狮子林的山池、建筑样式在北京长春园和承德避暑山庄仿建,题为"狮子林十六景"。清咸丰年间狮子林遭战乱毁坏,仅剩假山峰石。1917年富商贝仁元买下荒园,在园东建宗祠和家族学校,向

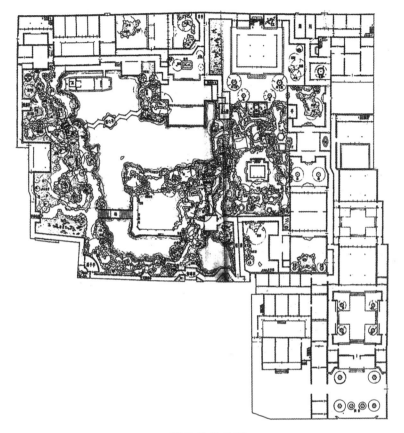

东拓展园池，重构厅堂亭榭，循旧名原址，增建了"燕誉堂"、石舫、湖心亭等，用了当时比较时兴的水泥和彩色玻璃、瓷砖等材料，一时成为苏州名流云集之处。1953年贝氏后人将园捐献给国家，苏州园林管理处接管整修后，于1954年向游人开放。

　　狮子林占地面积0.88公顷，分祠堂、住宅与花园三个部分。现进口处为原贝氏祠堂大门，坐西朝东。经过照壁庭院转入正厅，正厅后还有两进厅堂，再往后为贝家住宅，现辟为民俗博物馆。

　　狮子林以花园的湖石假山最为著名。在园东部用太湖石构成石峰林立、出入奇巧的大型假山。山体分上、中、下三层，有山洞二十一个，曲径九条，磴道转折，洞谷幽深，桥洞相连，盘旋起伏，行

卧云室

走其中犹如迷宫。据说乾隆帝到此也曾迷失方向，左绕右转，难以走出。山上名峰兀立，石笋刺天，千姿百态，各显美姿。古松老柏扎根石缝，虬枝苍劲，颇有山林野趣。大假山环抱之中，或可见飞檐翘然，阁影隐约，这便是元代僧众的禅房——"卧云室"。此阁形制颇为奇特，每层屋面可看到六个戗角，显得灵动而轻巧，与周边的玲珑湖石正好交辉生色。大假山西侧有狭窄水涧，有湖石小桥与水池中心岛山相接，折向连绵成整体，手法别具匠心。

　　假山之东为大厅燕誉堂，是贝氏主园后增建的。堂为鸳鸯厅式样，即一室内分南、北两部分，装修做法不同，以接待不同宾客。堂中陈设雍容华贵。燕誉堂南北设有四个不同的庭院，栽植不同花木，造成不同景色。堂北小方厅名"园涉成趣"，为歇山造，低矮轻灵，四周皆空，取山、石、梅、竹窗景。北面院中即是以湖石堆叠而成的九狮峰，峰后粉墙有漏窗四个，分别堆塑琴、棋、书、画图案，再北面又是黄杨花坛小院落，围以曲廊，景色淡雅幽深。这是用层层院落而步步展开，院落前后又可通透相视的手法，给人以"庭院深深深几许"的感觉。

小方厅西面跨过园洞门为指柏轩，是园内正厅，有两层，体型较大。轩南即为大假山，过桥即可入洞探幽或上山赏景。指柏轩西是荷花厅，再西是真趣厅。真趣厅因为悬挂有乾隆帝御笔亲书"真趣"二字，乃一反苏州园林素雅常规，全用彩绘梁栋，金碧辉煌，以显皇家气派。厅侧有曲桥通往湖心亭，而由厅西行就是贝氏后建之中西合璧式样的石舫和"暗香疏影楼"。

从暗香疏影楼沿廊南行可达西部土山，这是贝氏扩大园址时疏浚池塘堆土而成。土山分三层，用湖石堆砌勒脚，既防水土流失，也与园中假山互相呼应。山上有"飞瀑亭"、"问梅阁"和"双香仙馆"等建筑。阁与飞瀑亭之间有涧谷叠石跌落，设人工瀑布，飞流数叠，湍湍不绝，正可以感受自然之动态景观。

园子西面、北面建有沿墙长廊，以廊道联系多个不同形状与内容的亭子，有扇亭、文天祥碑亭、御书碑亭等，高低起伏，既增加了观赏效果，同时也提供了游园的最佳路线，不至于来回往复。

狮子林以假山著称，假山约占全园面积的五分之一，大于一般园林。狮子林叠山虽不高，但岩洞奇奥，玲珑奇险；凿池不深，但回环曲折，层次分明。综观园中冈峦起伏，树木森森，水波漪漾，有景有味，颇能引起广大游客兴趣。不过，专家中也有嫌其叠石零乱、缺乏天然意境之说。

06 留 园

留园位于苏州阊门外留园路，面积约2.3公顷，属大型古典园林。它以富丽华贵的气质，被誉为中国四大名园之一，1961年被列为全国重点文物保护单位，1997年被联合国教科文组织列入《世界遗产名录》。

留园最早由明代太仆寺少卿徐泰时建造于万历二十一年（1593年），那时名为东园。后经几代主人改建、增建，名称也从"东园""西园"改为"寒碧庄"直至现在的"留园"。现存园子的中部是经营最久的一部分，是全园精华所在，其余多是清光绪年间增建的。抗日战争期间曾遭到很大程度的破坏，1954年修复后作为公园重新向公众开放。

留园在空间上可分为四个部分，东、西、中、北部，景观主题各有特色。各部分之间有的以墙相隔，有的以廊相连通，墙上还筑有很多空窗、漏窗、洞门，使各部分空间既相对独立，又互相渗透。漫步其中，但觉空间收放有致，景色气脉相连，绵绵不绝，人们的游兴和情绪也随之起伏转承，充满景物、游人互动交流之感。

作为全园精华的中部又分为东、西两园。西园以水为主，山石楼

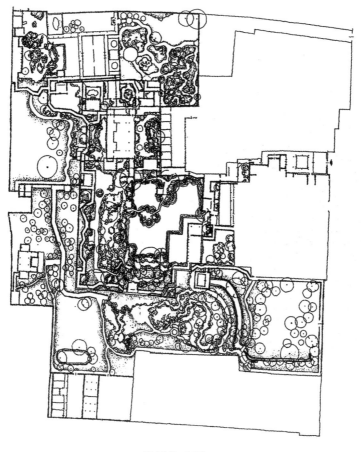

留园平面图

阁绕水而建，十多株百年古树营造出山林野趣。东园东南为建筑，中为水池，西北为山，这种空间布局使山池主景位于受阳一面，是大型苏州古典园林的常例。从南部的入口进入中部之前，要经过一段光线昏暗、空间狭小的曲折长廊，一路上透过墙上的花式各不相同的美丽漏窗感受到几个小院射来的光线，然后到达"古木交柯"，通过眼前的漏窗便能隐约看到园中的山水景致。这时游客的兴致已被前面那段忽明忽暗的路途和隐约的山水景致大大地调动起来，便加快脚步。走过"绿荫"，游人可在主要建筑"涵碧山房"前的月台上观四季气象变化，听清音山水；又可沿爬山廊至"闻木樨香轩"，登高俯

涵碧山房与平台

视,园中景色一览无余,此时绿荫旁的青枫、曲溪楼边的枫杨以及池上种满紫藤的曲桥小蓬莱都尽收眼底。

从"曲溪楼"向北再折向东便到了中部的东园部分。这里是由厅轩、曲廊、门洞、漏窗围合起来的多重庭院空间。身处其中,只觉空间变化节奏明快、开合自如,随着光线的变化仿佛在时空隧道中行走,一转身便又见一门洞,等钻了进去再回头望,刚才的那个小院似乎一下子变了形状。建筑的形式也十分丰富,有亭、半亭、廊、轩、堂,光线和空气在它们之间穿梭,忽明忽暗,左进右出,整个空间灵动自如,变化又融合,所见之处是不尽之意。整个东园以"五峰仙馆"为中心,环以"汲古得修绠"、"揖峰轩"、"鹤所"和"还读我书斋"等多座小型建筑和连廊。旧时的园主人多在五峰仙馆宴请宾客,而环绕四周的小建筑和小庭院则是宴会开始前供客人们小憩等候的最佳场所。先到的客人们或听琴，或下棋，或闲谈呷茶，不同的空间满足不同的功能需要。每个人都能在某个空间或角落找到乐趣，而此处使用空间不同的衔接又做得十分巧妙，没有两处相同，这才创造出这群建筑和庭院丰富多彩的情趣，使人流连忘返，同时更体会到建园者的巧思妙构。

西、北、东部环绕中部，相对中部景色而言，造景密度大为减少，使人更觉疏朗自然些。

从中部东园的揖峰轩再向东，便来到"林泉耆硕之馆"。这是东部的主要建筑。东部藏有江南名石"冠云峰"，这里是旧时园主为炫耀这块江南最高的湖石专门建造的一组建筑群，空间布局以峰为主。峰南便是"浣云沼"和林泉耆硕之馆。坐在林泉耆硕之馆里，欣赏冠云峰及其映在池水里的曼妙倒影，不失为古代文人的一件赏心乐事。石峰的北面是冠云楼，两层的建筑作为冠云峰的背景，更衬托出石峰的美丽。

北部旧构已毁，相传原来多种植时鲜果蔬，饲养家禽，充满农家情趣，这样既可满足生活需要，又营造园林的田园景色。这种设计倒十分符合现代生态城市的理念。现该部分已改为盆景园，展示苏派盆景作品。

西部与中部仅以一道院墙相隔，有一座土堆的假山，遍植枫树。深秋时节，枫林蔚然似晚霞，又间杂银杏的金黄灿烂，十分醉人。山上有"舒啸"和"至乐"二亭，一为圆形攒尖，一为六边形，水环山南而流，从水阁"活泼泼地"下面流过，人在阁中观丛林尽染，水流潺潺，意犹未尽。

综观留园的布局、造诣，全园的建筑在空间处理上别树一帜，其中涵碧山房、五峰仙馆和林泉耆硕之馆都是苏州园林中的大型厅堂。涵碧山房正对中部西园的山水主构，是整个西园观景的重心，南北各有十八扇落地长窗，厅内梁架圆作，大气通透，与馆外的山水相衬自如。厅北临水有石砌平台，南部有小院相托，东侧与"明瑟楼"相连。从对面可亭那边望来，涵碧山房与明瑟楼如一艘船舫停在水边，十分巧妙。五峰仙馆是中部东园的中心建筑，其楠木的构造，堪称"江南第一厅堂"，前后各有一假山庭院。入座厅中，如在山谷中，仿佛进入另一世界。视线的阻挡和意境的创造，把城市的喧闹和人间的烦恼一并挡了开去，直叫人把一颗躁心掏出来，放在一片清静世界里。园林的妙处便在这一坐一观之间感染着游人。林泉耆硕之馆是全园最豪华的建筑，为鸳鸯厅，面阔五间，单檐歇山

造。鸳鸯之意,是指厅的南部和北部梁架分别为圆木和扁方作,中间用圆光罩、楠扇和屏门板相隔。这鸳鸯厅里,南部向阳明亮,春冬季节园内人多在此活动,而北部阴凉,秋夏时节则最爱在此休憩。

除了这三个主要建筑各自修建的巧夺天工外,如何与周围的山水环境融合而又不失自然的韵味,造园者当时的确颇费了番苦心。此外,全园通过组织建筑空间的变化,既克服了全园建筑密度较大的难点,又达到造景的目的,通过一系列大小变化、内容不同的建筑以及对建筑围合的庭院处理,营造出留园有别于其他苏州园林的独特魅力。

07 耦 园

耦园位于苏州古城东部的小新桥巷,三面临水,门前宅后均设有河埠,可从水路进出,现在依然能乘舟前往,在众多苏州园林中显得格外特别。1995年耦园被列为江苏省文物保护单位,2000年被联合国教科文组织列入《世界遗产名录·苏州古典园林增补》。

耦园除了其三面环水的"人家尽枕河"风貌外,园的总体布局也在苏州园林中独树一帜。此园原为清雍正年间陆锦致仕归里后所筑,名"涉园"。1860年涉园毁于兵火,后至同治十三年(1874年),时任河南按察使的沈秉成因家事侨寓吴中,购得此园,延请画家顾沄在旧园基础上扩地重新构筑,遂成现状。此园格局中部为住宅建筑,东西各有一园,又因沈氏夫妇兴趣相同,都爱丹青诗词,夫唱妇随,天成佳偶,故易名为"耦园"。

耦园占地0.8公顷。西花园在中部住宅轴线西侧,花园以书斋"织帘老屋"为中心分成南、北两个小院,皆为旱园。南部小院形状不规则,在西南筑湖石假山一座,植以花木,间配山石,使织帘老屋的前庭显得多姿多彩。北部小院形制规则,建有一藏书楼,是典型的书房庭院。沈秉成曾有"万卷图书传世富,双雏嬉戏老怀宽"的

山水间

诗句,伫立此庭院中,便可感受到园主夫妇藏书之趣、读书之乐的性情。

　　中轴线以东则为东花园,原是涉园旧址,相比西花园面积要大了许多,景致也变得开阔疏朗得多。园子在中部凿池堆山作为主景,而主要厅堂设于北部,面向南,是一组重檐楼厅,装饰古雅,是园主宴宾的场所,开间宽大,长达四十米,横跨花园东端。楼下层名为"城曲草堂",上层名为"补读旧书楼"。楼东端突出成曲尺形厢房,下层为"还砚斋",上层为"双照楼"。楼斋命名均与沈氏夫妇双栖唱和、相濡以沫有关。此楼群通过楼廊与中部住宅相连,起居十分便利。

　　楼前假山以黄石垒成,为清初涉园遗物,传为名家张南垣所作。此山峻峰高耸,悬崖陡峭,深潭谷壑俱备,叠垒技艺精湛,是黄石假山中的精品,与城中环秀山庄的湖石假山同称为苏州假山双杰。山

城曲草堂内景

下设有一汪池水流淌,自北向南延伸,池名"受月",源于唐代李商隐诗意。池上有曲桥相连,池南部建一水阁名"山水间"。此阁四面通透,为八米见方的水阁式建筑,枕于受月池南端,远可眺山色楼影,近可赏鱼纹叶痕,是小憩赏景的佳处。阁内还置有镇园之宝——梓杞木雕岁寒三友落地罩,雕刻精美,令人叹为观止。在山水间东南,倚界墙建有"听橹楼"。南宋陆游诗云"参差邻舫一时发,卧听满江柔橹声",闲坐楼中,园外橹声欸乃,园内林木萧萧,既借景又借声,别有一番人文情趣。据说沈夫人严永华常在此楼中吟诗读画,静候丈夫的归船。

东部花园以山为中心,池水相衬,四周不紧不慢地布置着厅堂亭阁,各个建筑的位置都是极佳的赏景点,可见设计者的匠心独具。

耦园不大,但其巧妙的空间分割布局,使人有游历大园之感,特别是其中部为建筑,左右对称两个花园的设计构思,十分符合现代人的审美倾向,很容易被当代人欣赏和接受,因而为古典园林的当代解读提供了一种路径。此外,正如园中一联"耦园住佳偶,城曲筑诗城"所表达的意境,这个美丽的花园因一对恩爱夫妻的浓情蜜意而平添了几分温馨,几分浪漫。虽然佳偶早已仙逝,动人的故事却撩拨着到此游览的人们浮想联翩。

08 环秀山庄

环秀山庄位于苏州城内景德路,是苏州造园历史最为悠久的园林之一。1982年被列为江苏省文物保护单位,1988年被国务院列为全国重点文物保护单位,1997年被联合国教科文组织列入《世界遗产名录》。

环秀山庄最大的亮点在于其假山,艺术水平之高超,堪称湖石假山的典范。正如我国园林大家陈从周先生在《园林丛谈》中所说:"环秀山庄假山,允为上选,叠山之法具备,造园者不见此山,正如学诗者未见李杜,诚占我国园林史上重要一页。"

此园最初兴建于晋咸和二年(327年),原为王珉、王珣兄弟宅第,后王氏兄弟舍宅建景德寺。此园历代均有修葺,入明后,相继改为书院、衙门,后又为大学士申时行住宅。明嘉靖年间,在原景德寺基部又建王鏊祠堂。至清乾隆年间,当时的主人刑部员外郎蒋楫在翻修花园时,掘地得一古甃井,有清泉自涌,欣喜之余,取苏轼《试院煎茶》"眩转绕瓯飞雪轻"之句,名之为"飞雪泉"。又至嘉庆十二年(1807年),园归新主人孙均所得。孙均好林泉,善书画,请来当时常州叠石大师戈裕良重构园林,叠石为山,整个假山占地仅半亩,但经其妙构,使人有千山万壑之感,成为此园的精华。道光二十九年(1849年),有汪氏在此园建宗祠,重修东花园,建造"问泉亭""补秋舫"等,以环秀山庄为主堂,故坊间俗称此园为环秀山庄。后园子几经易手,多次拆建,损毁严重,至1949年,仅存大假山和补秋舫。二十世纪五十年代苏州市人民政府拨款对环秀山庄进行局部整修,东部空地上建造苏州刺绣研究所,将环秀山庄余园和王鏊祠堂交由其使用、维护。二十世纪八十年代,政府又对花园全面整治修复,拆除厂房之类不当建筑,迁出占用的小学,依文史资料重建堂厅轩亭。2007年,刺绣研究所也全部退出,8月正式对外开放。

现存的环秀山庄占地约一公顷,布局前厅后院。由于面积有限,不能做大水面,所以理水如带,环绕山间。园中建筑也屈指可数。原池南为花厅,现在的四面厅是1985年全面整修时重建的。水北的"问泉亭",因飞雪泉而得名,浮于水中。"补秋舫"横卧园子的北端,四周衬以青松、槭树、紫薇、玉兰而得四时不同的季相变化。还有一小亭枕山而筑,名为"半潭秋水一房山"。整个园林极小而精致,将中国传统造园小中见大、空灵充实的意境表达得淋漓尽致。

戈裕良所叠假山仅0.33公顷,高七米左右,却有大山之势。主峰位于西南角,以三个较低的次峰环卫,左右辅以峡谷,谷深十二米。谷上架有石梁,虚实对比使山势挺拔峻峭,体型既统一又灵活多变,浑然一体,表现了自然山的多种美姿。山径长约六十米,顺山势盘旋上下,沿山径而行,可细细品赏山岭的迤缓、山峰的峭立、山峦的浑厚、山崖的突兀、山洞的曲折、山谷的幽远。虽然身在假山中,却似行走真山林。

构山者从园子的东北部以堆土起势,向南临水,山全以湖石叠成,特别是水与假山的交接处,仿造自然的石矶、石台之象,使水与

峡谷

山之间产生缠绵不尽之意。此山历经二百余年而不见开裂崩塌，正如戈裕良所言："只将大小石钩带连络，如造环桥法，可以千年不坏。要如真山洞壑一般，然后方称能事。"此假山以咫尺之地造山，却给人千山万壑的感觉，实乃园林堆山之一绝。

此园以叠石而著称，建筑、植物、水虽是配角，但也能做到各得其所，整个园子虽小却十分得体，以假山造景为中心和主题，辅以其他园林元素，配比得当，宛若天成，十分耐看。

09 退思园

在苏州西南十八公里的吴江区同里古镇,有一座名园——退思园。该园建于清光绪十一年(1885年),园主凤颍六泗兵备道任兰生因退职返归故里,营园以度晚年。此园设计者系当时名画家袁龙。"退思"二字取之于《左传》中"进思尽忠,退思补过"之意。退思园占地仅0.65公顷,面积不大但景精意深。园林家陈从周曾这样称赞它:"吴江同里镇,江南水乡之著者,镇环四流,户户相望,家家隔河,因水成街,因水成市,因水成园。任氏退思园于江南园林中独辟蹊径,具贴水园之特例。山、亭、馆、廊、轩、榭等皆贴水,园如出水上。"

1982年,退思园被列为江苏省文物保护单位,2000年被联合国教科文组织列入《世界遗产名录·苏州古典园林增补》。

退思园因地形所限,其格局突破常规,改纵向为横向。自西向东,左为宅,中为庭,右为园,是江南园林的孤例。宅分内外,外宅有前后三进,即门厅(轿厅)、茶厅、正厅;内宅建有南北两幢以主人之室名命名的"畹芗楼",为主人与家眷居用。楼与楼之间由走马廊四面环通,廊下东西各设楼梯,雨天不走水路,晴天又可遮阳。

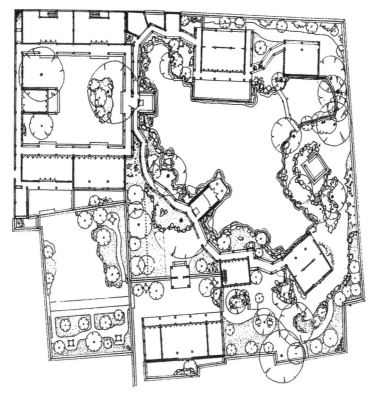

退思园平面图

　　中间的庭院堪称宅之尾、园之序，是由左面住宅到右面花园的自然
过渡。庭中樟叶如盖，玉兰飘香。整个中庭设计围绕"待客"的主题。
庭院中靠墙设旱船，是迎宾的佳所。旁边的"岁寒居"系主客嘘寒问
暖、舞文弄墨之处，而主楼"坐春望月楼"能令客人不觉旅居异乡，小住
为安。楼之一端为"揽胜阁"，在其中可饱览满园景色。

　　中庭与花园之间有月洞门相通，进内即九曲回廊，曲径通幽，墙
上窗格图案中嵌有"清风明月不须一钱买"的古石鼓文字花纹，很
是别致。

　　东部为全园之精髓，面积亦占整个宅院一半多。这是一个相对
独立的江南小园，布局完整，立意高雅，是闻名遐迩的贴水园。园
子居中是荷花池，环池一周置若干景点。其景名多取自古代文学名

作，富有意境。主厅"退思草堂"面南临池，隔池为著名的"闹红一舸"、"辛台"和"菰雨生凉小轩"。草堂东有琴台，西有曲廊及"水香榭"，东南复有三曲桥通向"眠云亭"。

沿九曲回廊北端是一个较大的厅堂，这是退思园中的主厅，即退思草堂。堂位于花园的北边，朝南五开间，歇山顶，前临水池，月台宽敞，台下池水清澈，锦鳞酣游，俯石栏伸手可及，是观鱼、赏月、纳凉的好地方。月台西侧，湖石叠峰直接于池中升起，并沿着游廊渐渐向外扩展，使这一区域的水面岸矶很富于变化。这种水乳交融的处理手法正合古代造园理论《园冶》中所说的"池上理山，园中第一胜也，若大若小，更有妙境"的原则。堂为全园主景，"奠一园之势者莫如堂"，它秀巧而不失稳重，端庄而又现出变化，站在堂前月台上环顾四周，全园各景均汇于眼前，构成一幅舒展旷远、浓淡相宜的山水画卷。

退思园中心水池四周的一些景点题名，与南宋姜夔词的意境有着某种特定的联系，这在江南园林中是不多见的。它从一个侧面反映了园主对白石词的偏爱，也使这座小园之景透出了浓浓的诗意。园中石舫景直题"闹红一舸"，极为高雅。舸，点明了这一小筑是园林中水池边的升船之景。它位于中心水池的西南隅，由九曲回廊朝东凸向水中。因池面不大，故石舫体量亦小，船身很浅，由湖石凌波托起，十分贴近水面。小舫造型较为简洁，没有一般船景的雕镂细作，前舱为一正面悬山小筑，两扇小门开向船首；后舱设有起楼，为一侧向的双坡建筑。整座小舫漆成暗红色，与灰瓦、浅白色石制船身及四周湖石在色彩上互衬互映，很是突出。小舸是园内精华之景，它伸入水中较深，微风轻吹，犹如扁舟随波荡漾。盛夏季节，四周红荷嫣然摇曳，如舟行红云中，更能令人心醉。水池东南隅的菰雨生凉小轩三间面池贴水而筑，当年此处荷菰丛生，甚有野趣。轩后有湖石假山，沿石磴拾级而上，可由天桥转至池南的辛台，游赏空间

多变而丰富。轩中置有一面
从异国觅来的大镜,人立镜前
宛若置身于湖水环抱之中,空
间感很是开阔。此处最宜盛
夏剖瓜赏鱼,令人顿觉烦渴尽
消,是园中四季景中的夏景。

位于中心水池之南,
与退思草堂隔水南北相望
的楼阁建筑是辛台。名为
台,实际是依水而筑的两层
小阁,造型简洁朴素,富有
江南水乡民居风格。它原
为园主人的书斋,名之为辛
台,取"辛苦读诗书"之意。
在辛台与东边的菰雨生凉

从辛台看闹红一舸

小轩之间,建有临池的"天桥",实际上是上下两层的复道敞廊。这
在江南私家小园中较为少见,很有观赏价值。

眠云亭位于水池东部,由退思草堂东南涉三曲桥可至。顾名思
义,小亭位置较高,堪与蓝天白云相接。从池西曲廊远眺,小亭恰似
立于假山之巅,四周绿树葱葱,浓荫欲滴,是池东的重要景点。眠云
亭之美,美在石。这里景致与退思园水池的南、西、北三边稍有不同,
亭前没有曲廊回抱,建筑相对较少,而以太湖石为主景,各种植物景
相辅助,是园中顺应自然的一个小景区。亭前池边,立有不少姿态多
变的湖石峰,其峰脚一直伸到池中,成为散点步石。为了突出景色的
自然,小亭在建造上也别出新意:将亭向上拔高,实际上成为两层的
亭阁,而在底层四周镶包太湖石,做成湖石峭壁假山式样。从外边
看,上层歇山式的小亭就像立在假山之巅,这一用建筑来妙造自然的

做法,堪称江南园林的一绝。

据记载,营园时所请的设计师袁龙(号东篱)是颇有名的画家兼园林建筑家,曾主持苏州怡园的营造,因此精选了苏州园林中亭、台、楼、阁、轩、斋以及曲桥、回廊等典型园林小筑,集中布置于此园,使退思园春、夏、秋、冬、琴、棋、诗、画各景俱全。庭院中的坐春望月楼是春景,菰雨生凉小轩主赏夏景,桂花厅可赏秋之金桂,冬天则坐岁寒居内围炉聚会,共赏户外松、竹、梅三友,更有琴房内可焚香操琴,眠云亭内就石对弈,揽胜阁上扶栏学画,辛台既可读书又可临窗吟诗。如此布局,可见造园者经营之苦心。

退思园以水池为中心,以退思草堂为主景,环水一周布置各类景点,互相呼应,疏密有当,甚为和谐。特别的是在江南水乡中造园,更巧用水景,不但建筑贴水而起,还赋予它们与水有关的形(如旱船、石舫)或意(水香、菰雨)的概念,使游园者在这精心构设的景色中更能体味那自然的水乡情调。

从宅楼俯视花园

10 怡 园

怡园位于苏州市人民路观前街口南侧。1963年被列为苏州市文物保护单位,1982年被列为江苏省文物保护单位。此园是光绪初浙江宁绍台(宁波、绍兴、台州)道台顾文彬的府宅家祠中的花园。园址地原为明代成化时吴宽的旧宅,顾氏购得后,在同治十三年(1874年)由其子顾承(字乐泉)主持营造,画家任阜长、顾芸、王云、范印泉、程庭鹭等参与筹划设计。当时园中一石一亭均先拟出稿本,待与顾文彬商榷后方定,所以园中布局成为中国山水画中的理想意境在立体空间的艺术再现。七年后园成,取名怡园。园主顾文彬于光绪元年(1875年)十月十八日给其子顾承的信中说:"园名,我已取定'怡园'二字,在我则可自怡,在汝则为怡亲。"取"自怡悦"和"怡悦父母亲"之意,闪烁着东方人伦之美。清朴学大师俞樾在《怡园记》中赞道:"以颐性养寿,是曰怡园。"

怡园现有面积约0.6公顷,占地不大,但能吸取各名园之长,巧置山水。全园以复廊为界分东、西两部,中以复廊相隔。东部以建筑为主,庭院中置湖石、植花木,西部水池居中,环以假山、花木、建筑。在造园艺术上,怡园能博采诸园景物,如复廊仿沧浪亭,水池效网师园，假山学环秀山庄，洞壑摹狮子林，旱船拟拙政园，特别是长廊墙体内嵌入数十块摹刻名家书法的书条石，成为苏州诸园之冠。此园除能有集锦之妙思，还有"五多"之称，即湖石多、白皮松多、楹联多（顾文彬曾自撰《眉绿楼词联》）、豢养宠物多、胜会多（诗会、画会、曲会、琴会）。园成之后，江南名士多来雅集，名盛一时。顾文彬举办过琴会、诗会等雅集，后其孙顾鹤逸与吴大澂、陆廉夫、郑文焯、吴昌硕等又创怡园画集于园中。顾鹤逸病逝后，园渐衰落。日伪时期，破坏尤甚，园中古玩字画被劫掠一空。1940年代，怡园百戏杂陈，成为游乐场所。1950年，新苏州报社曾设于此。1953年12月，顾鹤逸之子顾公硕等将怡园献给国家，于是驻用单位迁出，苏州市政府拨款维修后开放，供公众游览。

怡园的主体部分，由复廊分为东、西两部分。从人民路入口进，转右过小院即是复廊的北端"锁绿轩"。向西出轩过"迎风"月洞门，展现在眼前的便是西部山水。水池居中，池北筑湖石假山，重峦叠嶂，浓荫翠色。提步上山，前有"小沧浪亭"，后有"金粟亭"。"小沧浪"侧边有湖石壁立，上镌"屏风三叠"，其风姿令人联想起太湖三山岛上的石屏风。再向假山高处，"螺髻亭"翼然俏立，亭为六角攒尖顶，各边约1米，檐仅高2.3米，槛曲紫红，檐牙飞翠，小巧精致，正似亭名。沿山路逶迤上下，穿过"慈云洞"，跨过石梁桥，上得亭来，展望四周，全园景色尽收眼底：南面隔巷与顾家著名的藏书楼——"过云楼"互为呼应，又可纵览全园景色；北面原可远望北寺塔，现在被一排酒肆挡住了，真叫煞风景；向东见金粟亭、小沧浪依山势步步提升；向西俯视就是"画舫斋"，又名"松籁阁"，此舫有仿拙政园"香洲"之意，但因地势偏仄，有局促之感，园主题额"碧涧之曲古松之荫"却也可聊为解嘲。下得亭来，绕过画舫，一路欣赏着游廊壁上的名家书法艺术，便来到"面壁亭"，亭中南墙设一面大镜子，恰好反映着北面的假山和螺髻亭，幻景恍然如真，顿觉

螺髻亭与大假山

亭中境界扩大许多。面壁亭北有短墙月洞门，门西原来是顾氏家祠"湛露堂"和小院，现湛露堂不作开放。门东建有"碧梧栖凤馆"，白居易诗云"栖凤安于梧，潜鱼乐于藻"，此馆上有梧桐遮荫，侧有凤尾竹摇曳，是一个诗境画意的读书好处所。

由此馆向南就是园中主体建筑"鸳鸯厅"。此厅由香山帮宗师姚承祖造作。厅南叠湖石花台，遍植牡丹、芍药、桂树、白皮松等花木，间以石峰，是苏城园林中佳构。花台之东，植梅数十，原来还畜养过白鹤、孔雀等。园主取萨都刺诗"今日归来如昨梦，自锄明月种梅花"之意，将厅的南半部称为"锄月轩"，又称"梅花厅"。厅之北半部名"藕香榭"，前辟临水露台，是夏日赏荷纳凉的地方，故也称"荷花厅"。著名园林美学家陈从周先生说："过去士大夫造园必须先建造花厅，而花厅又以临水为多，或者再添水阁。花厅、水阁都是兼作顾曲之所，如苏州怡园'藕香榭'、网师园'濯缨水阁'等，水殿风来，余音绕梁，隔院笙歌，侧耳倾听，此情此景，确令人向往，勾起我的回忆。虽在溽暑，人们于绿云摇曳的荷花厅前，兴来一曲清歌，真有人间天上之感。"走出花厅，从露台上隔水眺望对面假山丘岭起伏，磴道曲折，洞桥相连，别有趣味。据说当年顾氏叠山时，曾去环秀山庄揣摩多日，现在看起来确有一些戈裕良大师所叠大假山的意韵。山峦东低西高，山上山下数亭高低错落，交相辉映，又互为对景，虽有偏多壅塞之感，也见布局者良苦用心。

鸳鸯厅东有曲廊与"南雪亭"相连，这里是分隔园东西复廊的南端，过复廊就到了园的东部了。东部占地不大，传为明尚书吴宽"复园"故址，现由顾氏建造为以"坡仙琴馆"为主体的庭院组群。坡仙琴馆南面是四面厅"拜石轩"，取米芾拜石之典故。轩南院中立巨石数峰，石笋几枝，石峰窍穴空透，石笋亭亭玉立，朝雾乍起，幻为奇观，真欲令人动容而拜。北出厅门，见庭院中立似人石峰两座，其一若伛偻老人，有听琴之态。果然，似有琴声传来，那便是东半园的主建筑坡仙琴馆。

坡仙琴馆与"石听琴室"东西相连，和北面"玉虹亭"构成以抚琴、听琴为主题的院落。说到古琴在我国已有三千多年历史，琴棋书画，琴为首，在中国古代乐器中也是琴的身份最高。弹琴成为中国文人的必修课，形成了具有中国民族特色的琴文化，是文人士大夫生活的点缀物和高情逸志的象征品。怡园园主顾文彬工词章，善音律，对"高山流水觅知音"的高雅超逸的境界神往已久，因爱琴好石，在自己造园时，精心构筑了与琴有关的景点坡仙琴馆。琴馆连通石听琴室。此室构造特别，内顶是翻轩，船篷式天漫，用杉木板顺纹铺饰。如此构筑，从音响学原理来分析，对声音的快速传递及扩音共振有良好的效果。再看东西之壁，铺有与天漫木板方向一致的杉木护墙板（西有冰纹饰花窗），解决了砖墙声音反射产生的回音干扰。此做法显然是继承了古人早就发现的木材顺纹传递声音的

石听琴室内景

速度比其他材料快，以及木材能够产生二次共鸣这一经验，又独具匠心，无愧于妙品之誉。琴室南北各安有长窗五对，此窗特长，窗头直至屋檐，此作当是考虑春、夏、秋三季开窗面南操琴的需要而设。琴室之南，有山石荷莲小院，假如夏日在此，但闻荷香阵阵，琴音泠泠，品茗听琴，妙不可言。室北植有梧桐。自古选琴，面板用桐，底板用梓，桐梓便成了琴的雅称。琴室之旁植桐，含义丰富。此琴室无论是从通风、遮阳、防潮、采光的角度，还是从听琴、赏景的欣赏角度来看，都达到了十分完美的境地。这组景区，由诗、词、书、画、匾额、典故与景物融为一体，尽显苏州古典园林的建筑美、自然美、艺术美和意境美。

坡仙琴馆还留下了顾氏家人关于琴文化的佳话。馆中的匾额由曾任苏州知府的吴云书额并加跋。跋中说到顾文彬在同治年间曾在此馆收藏过苏东坡的"玉涧流泉"古琴，并供奉苏东坡之像的

过云楼

往事。顾氏为弘扬琴文化，曾于1919年仲秋，与当时各地琴艺名家三十余人相聚怡园举行琴会。众人研讨琴学，切磋琴艺，还分别演奏了《梅花三弄》《胡笳十八拍》等古曲。随后，又对各人所携的十张藏琴进行汇考，与会琴家纷纷题咏，以志琴会之盛。整个活动在中国近代琴学史上谱写了新的篇章。顾氏一族对古人的敬仰之情和自己的高洁风雅之举，成为后学者的楷模。自此，怡园琴会便成为琴友相聚的固定活动。1935年，琴家又在怡园雅集，倡议成立"今虞琴社"，后终因社会动荡，琴音渐趋沉寂。直到1992年，享誉国内外古琴界的著名古琴家、吴门琴派的代表人物吴兆基与吴门琴社琴友等十余人欣然雅聚怡园，再续琴会，绝响多年的古琴声又在怡园回响，延绵至今。如今，古琴已进入世界非物质文化遗产名录，成为全人类的宝贵文化财富，而怡园作为与琴文化密切相联的一处古典园林，将会得到世人更多的关注。

　　顾文彬其人不但是一个很有品位的文化人，还是我国近代著名的藏书家，怡园其实就是顾氏藏书楼"过云楼"的后花园。从梅花厅向南,隔开一条小巷"怡园里",就是过云楼及顾氏家族的住宅群落。"过云楼",意取苏东坡言"书画于人,不过是烟云过眼而已"。过云楼以收藏宋元以来佳椠名抄、珍秘善本、书画精品而名扬四海,享有"江南第一家"的美誉。顾文彬尤其钟情古书画的收藏,他一生殚精竭虑,多方搜求,积累书画墨迹达到数百件之多,其中有不少为传世的赫赫名迹。为此,他特意营建过云楼和怡园。在楼园落成后的第六天,他就辞去宁绍台道台的官职,返家沉潜于书画艺文之中,怡然自乐。他在晚年精选所藏书画,编纂成《过云楼书画记》十卷。在历经动荡后,顾氏后人先后将家藏法书名画、碑帖古籍等捐赠给上海博物馆、苏州博物馆、南京图书馆等机构。至此,过云楼藏品中保存比较完整的一批书画得到了最好的归宿。这批珍品归入博物馆,既能得到更为妥善的保藏,同时又为深入研究和进一步宣传弘扬优秀文化传统发挥作用,正可谓"过眼云烟"化作"映世霞晖"。

过云楼及宅院和怡园本是同时建造的一体化园林宅第,由于时代不同,过去过云楼以它的珍藏闻名遐迩,而今怡园又以它的精巧和深刻内涵吸引着海内外众多游客。关于怡园的艺术特色,仁者见仁,智者见智,各有高见。赞之者认为因为它在苏州各园林中建造时间最晚,园主得以用心研究和吸收苏州各古典园林的特色,博采众长,自成一格,不愧为吴中名园之一;批评者认为综观全园,虽串珠缀玉,集仿名园,但罗列过多,却无其本身的特点,建筑过于拥挤,也体现了清代追求奢华的社会风气,不像宋、元、明代的园林那样朴实,贴近自然。然而怡园身处闹市中心,在车水马龙、市声喧嚣的包围中,经历了一百三十多年的风雨沧桑,却仍然守住了它的锄月拜石,仍然散发着它的松风荷香,仍然飘荡着清越琴声,这就显示了中国传统文化中一份潜含的情操,一种坚韧的信念,一脉百斩不断的根柢。

11 曲　园

　　曲园园址原是清道光年间大学士潘世恩故宅"躬后堂"废地，由清末著名学者、朴学大师俞樾建于清同治十三年（1874年）。曲园1963年被列为苏州市文物保护单位，1995年被列为江苏省文物保护单位，2006年被列为全国重点文物保护单位。

　　俞樾（1821—1907），字荫甫，晚号曲园，浙江省德清县人，晚清著名学者、教育家、书法家。俞樾自幼聪慧，清道光三十年（1850年）殿试中第十九名进士，因一句"花落春仍在"，被主考官曾国藩赏识，点为部试第一名，授翰林院庶吉士。咸丰二年（1852年）授翰林院编修，后出任河南学政。咸丰五年（1855年），御史曹泽弹劾他所出考题有割裂经义犯上之嫌，被罢官回乡。回乡后，俞樾正当年富，便一心读书治学，以教育著书为生，终身不再仕。他曾主讲于苏州紫阳、上海求志、杭州诂经精舍、德清清溪、归安龙湖等书院。曾国藩总督两江，李鸿章任江苏巡抚时，都与他礼遇交往。俞樾一生孜孜不倦致力于教育，他在苏州、杭州等地讲学时，海内外学子纷纷负笈来学，陆润庠、章太炎、吴昌硕及日本的井上陈政等均出自其门墙，真所谓"门秀三千士，名高四百州"。作为清末的大学问家，一

曾国藩题匾额

代朴学大师俞樾的影响遍及四方。他性雅不好声色，潜心学术，辛勤笔耕，并定规每年以所写定之书刊布于世。他著有五百卷学术巨著《春在堂全书》，还校编过《七侠五义》。"生无补乎时，死无关乎数，辛辛苦苦，著二百五十余卷书，流播四方，是亦足矣；仰不愧于天，俯不怍于人，浩浩荡荡，数半生三十多年事，放怀一笑，吾其归欤？"现存曲园"春在堂"里的这副自撰长联便是俞曲园老人对自己最好的评价了。

俞樾很喜欢苏州。苏州似乎永远是失意文人与归隐官僚的天堂。苏州有拙政园、退思园、茧园、网师园，一看园名，就读出了园主的人生宣言。苏州也自有苏州的可贵处，毕竟是个可以静心做学问的地方，俞樾于是选择了在苏州安家。俞樾曾在杭州诂经精舍讲学长达三十一年，杭州有他的"俞楼"和"右台仙馆"，但他只是在春秋两季到杭州去讲学，大部分时间居住在苏州，最后终老在苏州。同治十三年（1874年），俞樾在李鸿章、彭玉麟等友人的资助下，购下位于马医科的潘宅废地，建造宅园。俞樾亲自规划构屋三十余楹，作为起居、著述之处。在居住区之西北，原有隙地如曲尺形，他设计利用弯曲的地形凿池叠石，栽花种竹，构筑小园，名为"曲园"，取老子"曲则全"之意。俞樾自云："曲园者，一曲而已，强被园名，聊以自娱。"为自己的宅园起个谦和、退让的园名，更是显露了这位老人的幽默与智慧。曲园是俞樾在苏州的唯一标志性建筑，现已成为苏州的一个对公众开放的旅游景点。

曲园位于苏州人民路西侧一条僻静的小巷马医科巷中段。走进曲园门楼，抬头便见一块竖匾，上书"探花及第"，向人们昭示着园主的不凡出身。经过一个小天井，就是"小竹里馆"。这里应是原来花园的过厅，来客临时等待之处，现在馆内中堂挂的是俞樾拄杖而立的大幅油画像，上悬李鸿章书"德清俞太史著书之庐"横匾，左右墙上挂着多副俞樾自撰自书的对联，壁上还嵌着俞樾《曲园记》的砖刻。看着画像中百年前老人深邃而睿智的目光，顿时大儒雅风扑面而来。出小竹里馆穿过砖雕门楼，便是园内正厅"乐知堂"，取"乐天而知命"之意。堂中一副楹联为俞樾所撰："三多以外有三多，多德、多才、多觉悟；四美之先标四美，美名、美寿、美儿孙。"这是他人生观的表露。

向左经过一道走廊，就可以看到一座轩敞明亮的厅堂——春在堂。这是曲园主要建筑之一，也是文人雅士们仰慕的地方。据说俞樾在北京保和殿参加殿试，试卷的诗题为"淡烟疏雨落花天"，俞樾依题作诗，首句为"花落春仍在"，由于一反常调，蹊径独辟，深得阅卷官曾国藩的赏识，乃得名列前茅。俞樾也十分得意，故以"春在"作堂名，并且把自己的著作题名为《春在堂全书》。堂内陈设简朴，中设一坐榻，左边现在陈列着俞樾印制著作的木刻版片五百余片，弥足珍贵。这里原是俞樾读书著作的书斋，也是接待宾朋、谈诗论文的所在。当代著名学者、红学家俞平伯乃俞樾之曾孙，从小生活在曲园，深得老人钟爱，俞樾经常在春在堂亲自为曾孙授课。在堂左侧还陈列着一架古老的钢琴，这是江南名媛赛金花的遗物，

回峰阁

由其族人寄放于此。因赛金花的丈夫清末状元洪钧与俞家有交往，民国初年洪钧后人曾赁住于园内。堂前小院枫杨飒飒，腊梅幽幽，自有一种清静文雅的氛围。

自春在堂再向左往里走去，过"认春轩"，乃是一个狭长形的小花园。西边傍墙一条长廊，通往小园深处的"达斋"，东面一座假山依池崛起，山上叠石植树，半亭隐约。廊与山之间是一泓曲尺形清池，名曲水池。信步廊中，可在曲水亭稍作歇息，倚栏东望，就是假山上的半亭"回峰阁"。曲园因占地不大，难以布设众多亭台楼阁，园主便将半亭筑于假山之中，并命名为"阁"，确实花了一番心思。在布局上，既可作为曲水亭的对景，又能遮掩东面宅院的山墙；在使用上，若逢清风明月之夜，登梯通小阁，布席置茶铫，下临清池，上赏月色，倒也能从小处所而得大情思。

达斋是曲园的最深处了，是园主自用的书房。朝南是牡丹花坛和曲水池,折向东院"艮宦",便是小园的曲尺形另一边,一个静谧的所在。一株海棠伴着红枫寂寥地开放着,嫣红的花瓣飘落一地,墙上几方书条石上,刻的是俞樾家训和曲园题咏。

曲园是一座书斋园林,书斋园林的特点是园以人传,而园内的厅馆亭廊、水石花树无一不表达着园主的文思、园主的哲理、园主的风范。曲园虽小,却文气十足。

俞樾辞世后,曲园作为祖产传给了曾孙俞平伯。1953年,俞平伯专程从北京来到苏州,将曾祖创建的曲园包括宅舍、家具、图书和木刻书版一并捐赠给苏州市人民政府。1950年代,政府将接收的曲园稍作修葺之后,交由一家文化单位使用。"文革"期间,园景受到严重的破坏,竟遭毁山填池以造住房。1980年5月,俞平伯和顾颉刚、叶圣陶、谢国桢、章元善、易礼容、陈从周等七位著名专家学者联名致函国家文物局,竭力吁请修复曲园。国家文物局和苏州市政府十分重视,及时做出修复曲园的决定。1986年曲园的主要厅堂修复开放,花园部分于1990年底也竣工开放了。现在每天前来探访怀古、饮茶下棋的市民络绎不绝,两代园主俞樾和俞平伯在学术上的声望,更吸引着众多的读书人前来谒访,小小的曲园已经成为苏州重要的旅游人文景观之一。

12 听枫园

　　听枫园位于苏州市乐桥西北的庆元坊内，1982年被列为苏州市文物保护单位。此园原地为宋代词人、淳祐七年（1247年）进士吴应之所筑"红梅阁"遗址。清同治、光绪年间，吴云建宅园于此，因园内有古枫遗存，故名为"听枫园"。

　　吴云（1811—1883），清代金石家、鉴赏家，浙江湖州人（一说安徽歙县人），号平斋，晚号退楼，又号愉庭，别署醉石、二百兰亭斋等。道光二十三年（1843年）以通判分发江苏，咸丰九年（1859年）调任苏州知府，解任后，"侨居吴下，有泉石之胜。客有见之者，则幅巾杖履，萧然如神仙中人，几忘前此为风尘吏也"。他精通书法，善治印石，又工画山水及枯木竹石，同时笃学考古，曾藏《兰亭序》二百种，齐侯罍二。吴云在苏州建造的宅园，分为东、西两宅。西宅在金太史场，现已改建为学校，东宅在庆元坊。东宅的书斋庭院即听枫园。园成后，古枫婆娑，钟鼎罗列，有室名为"两罍轩"。轩中供藏有两件周代青铜名器——齐侯罍和齐侯中罍。前者又称"阮罍"，即为清代大学者阮元"积古斋"曾收藏的传世珍品。当年阮元获此罍后，非常珍惜，曾作长诗咏之。吴云得此双宝器后，与金石

墨香阁

家陈介祺爱不释手，共同赏析，后吴云将考证和释文收录于《两罍轩彝器图释》十二卷中。由于吴云收藏丰厚、潜心治学、为人洒脱，经学大师俞樾，词人朱祖谋，书画家任预、吴昌硕等都经常来听枫园中雅集，一道品茗赏枫，切磋学问。吴昌硕就住在听枫园西邻的桂和坊，曾应聘为听枫园主西席，教授吴家儿孙辈，因此吴昌硕得以观摩所藏书画金石，获益良多。俞樾的宅园曲园也在近旁，经常与吴云来往唱和，过从甚密。俞樾曾以听枫园之"精"与曲园之"微"相比较。而吴云也自称"宅居不广，小有花木之胜"。这一代苏州的文人雅士对小小的听枫园情有独钟。

　　然而吴云卒后，园渐衰微。宣统二年（1910年），朱祖谋曾寓居此园。民国期间，园屡次易主，虽有修治，但不复旧时风光。1949年后，听枫园相继由一些文化教育单位使用，花园内建筑被分隔为职工宿舍。在"文化大革命"中更遭厄运，假山被拆，"墨香阁"被

北院小池

毁,庭院内搭建铁架和炊棚,堂亭败圮,花木凋零。1983年苏州市
政府决定重修听枫园,迁出园中单位与居民,至1984年底整修竣
工。修复后,全园占地四千六百平方米,其中花园一千二百平方米。
1985年春节,苏州国画院迁入,后北院开设听枫茶馆,并对外开放。

　　听枫园虽仅数亩,但建造之初擘画有方,错落得当,五组庭院分
为南、北两院。园南原住宅已与园隔断,现从北面韩家巷的堂楼石

库门或庆元坊的茶馆东门出入。

如从北门进，穿过堂楼的"观月"画廊展厅，走"适然"月门就来到了北院。北院现虽有茶馆经营，但花园格局未变，湖石堆就的假山居中，上得山来，有石桌石凳。东面沿墙是带廊的书斋"平斋"，北面山下是一泓清池，隔池是旱舫，从旱舫转西是背靠高墙的半亭"适然亭"，坐在亭中既可细数池中戏水锦鲤，又可赏山上红枫翠桃。顺亭右游廊折向南行，来到一小院，右为"味道居"，也是雅静的读书著说之处；前是"听枫山馆"，一个宽敞的厅堂，南北都是落地长窗，供园主会客雅集，高谈阔论。现在的茶馆经营者甚有文思，将茶室各个包厢均以园内斋室厅轩旧名冠之，并供应精品名茶，配有苏式细点佐茶，还常常邀请古琴家前来演奏。当是时也，捧茗在手，静赏园景，琴音萦绕，虽不能与吴云、俞樾、吴昌硕的雅集相提并论，却也清心洗欲，思古之心悠悠然也。

敞厅南是假山，假山上有"墨香阁"，原可登山上阁转向南院，现以花墙分隔。向西穿花墙门便是现为苏州国画院的南院。南院花木翁郁，枫树尤多，大多是修复时补种。原古枫早已斫失，仅余一株有一百五十余年树龄的黄杨，向人间诉说着世事沧桑。登上墨香阁向北眺望，全园景色尽收眼底。天际是堂楼的马头墙，眼前是一列错落有致的轩亭建筑，"待霜亭"（原名红叶亭）、两罍轩顺序排开，脚下山道曲折，兰蕙吐蕊，松风飒飒，枫红如染，果真如园主自评之有花木之胜、俞曲园所羡之精致。

下得山来，假山前以石板铺地，整出一块空地，随意摆设一些桌椅，可以坐着欣赏待霜亭中昆曲或评弹演出。待霜亭北墙上设一漏窗，窗后映出蟹壳天井内一支石峰伴以竹叶摇曳，正是演出时的绝好天幕。天井后便是连通北院的味道居。待霜亭西连一排小轩，即是大名鼎鼎的两罍轩。人逝物移，宝物不再，现在是国画院的装裱工房。穿过轩旁过厅，一座砖雕门楼隔出三层堂楼的天井，门楼上题额"听枫读画"，诗

画室

意盎然。天井铺地是园内原物——"五蝠拜寿"。堂楼现在一层是画廊展厅，二、三层是画室和办公室。将苏州国画院迁入听枫园，倒是一个十分合适的安排，画家们在园林环境中，伴着鸟语花香，赏着奇石红枫，一定会灵感时来，文思大涌，又能在石前松下漫步，互相切磋技艺，真是适得其所，正如国画院月门上所题"适然"二字。再说如此小园也不适合供公众旅游观光，很难想象一队队游客来到这不足十亩的小园，在导游的催促下匆匆一转，能有什么感受和收获。

会友、品茗、赏景、听乐、论诗、读画、鉴古，正是从古到今的士大夫阶层向往的生活场景和模式。也许，这种生活方式并不适应当代人们打拼搏取、急功近利的心态，也不为社会主流所提倡，但在深夜静思、百无聊赖之时扪心自问，是不是也会生出那么一丝向往之心呢？

13 寄畅园

坐落于无锡城外惠山脚下的寄畅园是江南著名的山水园林,园中有自然的溪湾、潺潺的山涧、幽深的林壑,风景富于野趣,所以一直为文人雅士所称颂。当年乾隆皇帝下江南时,七次在园内小住、赏景吟诗,也极大地提高了寄畅园的知名度。

我国古典园林追求自然山水风景的意趣,常常利用自然的山林泉石来创造风景,因此极其重视园林环境的选择,这在古代造园学中,叫作"相地"。寄畅园就是这种占尽了"地利"之便的山水园林。它虽在惠山山麓,但离无锡城只有数里地,来去很方便。惠山开发很早,在唐代已成为邑人游历的名胜之地。它的姿态特别好,有九条陇岗蜿蜒如龙,所以古人又称它为九龙山。此外,惠山又以泉水著名,有天下第二泉、龙眼泉等数十处泉眼。惠山高三百余米,在周围一片平畴中,又是登高远眺的好地方。锡山实际上是惠山的一点余脉,突起在山麓断层之东,高仅七十余米,山顶有龙光塔和龙光寺,山腰有晴云亭、观涧亭、石浪庵等,景观比较集中。寄畅园的园址就选在惠、锡两山环抱的山脚下,西面依着惠山,东南借锡山,东北方有新开河及运河与无锡城连通。二泉之水又顺着山势流入园内。基地内惠山东麓上古木成林，特别是一棵千年老樟更是引人注目。借山，引水，又有古树作景，使寄畅园得天独厚，真是"自成天然之趣"。要选中这样环境美丽、山水林泉俱全的地方确实不易，由此也见出造园艺术家的素养与眼力。

寄畅园初建于明朝正德年间，这地方原来是惠山古寺中的两处僧房。当时在无锡城内很有名气、曾做过兵部尚书的退休官僚文人秦金看中了这一块地方的清静自然，于是占用了两处僧寮和附近的空地营造园林。它不是依附于住宅的随时可以游乐的花园，而是为了赏景专门设立的别墅园林。主人一般住在城里，在需要时便"行"到此处游憩一段时间，如游春、避暑、赏秋等。明代中叶后，我国造园艺术蓬勃发展，特别是江南经济发达地区，造园风气大盛，艺术水准也达到前所未有的高度，大小园林竞相突出。然而留至今

寄畅园门口

含贞斋内景

日的，大多数是用高墙围闭起来、建筑密集的住宅花园。在这种情况下，依山傍景、林壑幽深的寄畅园，代表着我国明代山水园林艺术所达到的高超水平。它所具有的不仅仅是一般的游赏价值，而且更有着宝贵的艺术价值和文物价值。

康熙初年，秦家后代秦德藻奋力一生，将已分散的花园归并成一园，同时进行了全面的整治。寄畅园这才日趋完善，声名远扬。清初康熙皇帝总共南巡六次，没有一次不到寄畅园，并且他还题写了"山色溪光""松风水月""明月松间照，清泉石上流"等匾联，更增加了此园的名气。后来雍正、乾隆和嘉庆皇帝南巡江南，也总要到寄畅园。在江南众多的园林中，唯有此园受到朝廷的如此重视，也唯有此园，主人代代相传，没有败落改姓。从明到清的二三百年间，寄畅园引领了江南私家园林的一代风骚。

"郊园贵野趣，宅园贵清新"，寄畅园是一座郊外山麓园，自然野趣是它最主要的风景特征。它总占地面积约一公顷，属于中等规模的江南私家园林。整个寄畅园除了西南角上入口处附近的双孝祠、秉礼堂和含贞斋组成的很小一块建筑庭院之外，其余全部是以山水为主的游赏景区。其特点是以山为重点，以水池为中心，以山引水，以水衬山，山水交融而成为一个整体。土山坐落在景区的西部，约占全园面积近四分之一，水池在东部，水面占全园的六分之一，光是山和水面，就占了整个花园面积的一半。园以山水为主，建筑自然只能充当风景的配角了。寄畅园的风景建筑数量少，体形亦小而低矮，它们散布在风景之中，有的依山脚，前面花木掩饰，有的临水边，点缀水景，适当地贯以游廊。几乎所有的亭榭等建筑都融于自然风景之中，使整个园景现出疏朗、闲旷、幽静的自然风情。

寄畅园的山景中，有真山，有假山，假山中又有土山和石山。它们互相呼应，相映交辉，体现了很高的艺术造诣。

惠山东麓伸出一支余脉直接寄畅园西壁，而园内土山高阜本来就是这支余脉的散点小峰，依顺着园外真山的脉络走向，增加了园内掇山造景的气势。

寄畅园的假山得天独厚，能给你一种强烈的真实情感。小土山虽高仅有数米，却有置身于真山脚下的感受。假山的布局和立体形象的塑造追求自然，没有故意去做陡耸的峰峦、峭拔的绝壁，而是以土为主，在有些关键地方露出石脉，其走向与真山脉络保持一致，石质、石色及纹理也相同，没有露出人工斧凿的痕迹。寄畅园的假山陪衬了主山，使整个惠山景致顺理成章地移植到了园林中。

寄畅园中的掇山造景尽管处处顺应着惠山，烘托着真实山林的美，但在许多局部处理和组织上还是表现出叠山艺术家的精湛技艺。水池西部大的土假山中部较高，正好处在园林构图的中心，逐渐向东、向南低落下去，山势延绵至园的西北部又重新高起，看上去似乎与惠山连在一起，而东部小冈对着锡山。所以人们常说此山"头迎锡山，尾联惠山"，这就使园内山景自然地向园外的二座真山伸展出去。

在这列起伏延绵的山脉中，结合山势的开合开了三条小径。一条是盘旋上山的曲径，一条是穿行于山间的洞道。另外，山的

八音洞

东部又有一条滨水的滩道，一边是水，一边是石壁。滩道不时伸入水中，形成石矶，高低曲折，长约六七十米，是山水之间的过渡。土山上的人工叠石和点石也主要集中在这几条山中通道两边，其做法采用石包土。石料采用本地黄石，色泽苍古，与土山配合非常协调，表现了浓郁的山野气氛。

寄畅园的"八音洞"集中表现了自然界幽谷溪涧景色的声音美，是我国古典园林中结合假山堆叠，利用动水而创造赏声景致的孤例。南巡后，乾隆皇帝在北京惠山园中特地仿照此景造了玉琴峡。

八音洞是黄石堆叠的涧峡，西高东低，曲折穿行于大假山中，涧溪总长三十六米，谷深高度不等，大约在两米到三米之间。洞底是黄石铺砌的自然式地面，其宽度时大时小，变化曲折，最宽处有四米半，最狭处只六十厘米，仅能容一人通过。惠山泉水从园外经过暗渠，伏流入园，在涧溪西端汇集于一小池之中，这便是奏响"八音"的水源头。然后，水由洞底道路一侧的石槽中流下。这流水石槽有时明做，有时上面铺一些石板变成暗槽。流水一会儿在路的右侧，一会儿又转到路的左边，随着涧谷的转折从上游蜿蜒而下，因落差而造成的水流之声汩汩潺潺，在空谷中回响，犹如八音齐奏，所以被名为八音涧。最后泉水由暗道入"锦汇漪"。从游人看来,水在不停地流动,然而却是忽儿有影,忽儿无踪,无不叹为观止。要是在溪谷中行走,浓密的山林遮住了山顶,黄石涧壁上部的岩缝中不时露出粗壮古树的盘曲错节的老根;脚下的流水既有形又有声,游赏者如同来到了深山涧谷之中,景色显得那样幽奇奥曲,变化莫测,回味无穷。

在苍古自然的大山之东,便是中心水池锦汇漪。锦是多姿多彩的意思,漪就是涟漪,是水面上清晰的波纹。这一题名本身就说明了水池在园景中的重要地位——那山林泉石、建筑楼台全都汇集映照在一泓清清的涟漪之中。

锦汇漪是结合山水造景而设立的惠山泉水的汇集点,水面只有0.17公顷,并不很大,因此以聚为主,聚中有分。水池大体上与山平行,因西边有假山阻隔,就形成一个十分幽静的独立景区。池面南北狭长,时宽时窄,呈自然水体的不规则形状。池西岸中部有石矶

七星桥

步滩,突出于水上,与东岸的水亭"知鱼槛"相对成夹峙之势,形成水峡,使水面分成南北连通的两块。一株高大的枫杨树由石矶斜探水面,老根盘驳,古枝苍劲,其疏朗的枝叶好似在水面罩上了一道绿色的纱幕,更衬出了水意的连绵和深远。在水池东北角,建了一座廊桥,将水尾遮断,使水源藏而不露。廊桥南边,一座曲折小桥斜跨水上。小桥由七块花岗岩石板组成,名"七星桥"。桥身空透而低平,贴水而过,增加了水景的层次。西岸顺山脚石壁的边缘又分出两个小小水湾,以小石板桥贴水平渡。这种处理,不仅使山石与池水咬合交错得更加紧密,而且造成了锦汇漪有多条源流出自大假山的假象。池岸有的为自然土岸,有的用石砌,水面也不时深入驳岸、石洞和亭廊之下,看上去显得曲折绵延无边。

著名园林专家陈从周先生曾经这样总结古典园林叠山理水的主要法则:"山贵有脉,水贵有源,脉理贯通,全园生动。"大假山沿续着惠山的脉络,锦汇漪存积着天下第二泉的清水,将园外山水同园内山水完全融合在一起了。

水池四周的主要观景点和亭廊的布置也经过了十分周详的思考。在水池东岸集中布置了静赏山景的亭廊,欣赏山林风景,除了沿着蜿蜒曲折的山道或溪涧幽谷边游边看的"动观"之外,还少不了在远处"静观"。滨水亭廊中隔水可看对面的假山石壁,稍远则可欣赏整座土山的起伏走向。山上的古木参天,远处则是惠山的东麓,风景观赏空间豁达,层次丰富,极有气势。园内整个大的山水空间中,就只在这里有一些建筑。它们以"知鱼槛"为中心,向南曲廊一直延伸到水池尽头,中间还串上了半亭"郁盘";向北则有漏窗花墙引路,穿过斜出水面、接引"七星桥"的石矶,可到"涵碧亭",再北经过曲折廊桥就到了池北岸。知鱼槛和涵碧亭都是一面倚墙三面临水的小亭,传统的小青瓦屋顶、深栗色的木柱和曲栏靠椅在白墙衬托下,犹如水墨勾勒的小品,朴实雅静,清波映照,可静赏游鱼，可待月迎风，常常吸引了许多游人驻足静观，流连忘返。

锡山在寄畅园东南，其峰虽然较矮，但姿态妍好，峰上又有龙光塔、龙光寺等人文风景作为点缀。这一景观的供赏点就是原来园中的主体建筑——位于锦汇漪北的"嘉树堂"。堂紧靠着花园的北界墙，坐北朝南，正面透过水面有纵深的视野，左边是山林，右边是亭榭回廊，景点非常丰富多趣，而将视点略为提高，越过东南围墙，整个锡山秀峰正好摄入眼帘，对景极妙。

寄畅园山水风景优美，曾引得骚人墨客为之赞叹，也引得帝王为之倾倒，甚至不惜花费巨大的人力、物力，将寄畅园景色再造在京师，让它在帝王苑囿中安家落户。现在我们游北京西郊著名的皇家园林颐和园，在万寿山后山，会看到一座小巧精雅、富有江南水乡明秀风光的园中园——"谐趣园"，这座小园就是依照寄畅园建造的。

乾隆十六年（1751年），乾隆皇帝第一次巡游江南，驻跸在寄畅园。园林的美景给他留下了很深的印象，就命随行的宫廷画师将园

"清响"小圆门

内各景点的风光现场写生成彩色画页,作为回北京后仿建的参考。乾隆大规模修建清漪园(颐和园前身),就决定结合清漪园的布局,将仿建的寄畅园放在万寿山后山东麓山脚下。这与惠山下寄畅园的地理位置十分相似。当时,这座小园就取名为"惠山园"。

惠山园是乾隆的得意之作,它虽然是"一沼一亭"皆仿寄畅园,但已由文人官僚的别墅式园林变成了帝王苑囿中的小园,经过了造园艺术家的再创造。惠山园是融合北方帝王园林和江南文人园林两种不同风格的艺术创举,是清代中叶我国园林艺术发展的一个硕果。

但是,惠山园主要山水的布局、园景的特点无论在"形"还是"神"上仍然和寄畅园有许多相似之处。首先是山景的处理,亦和寄畅园一样,比较集中,主要布置在园林北部山岗一带,以保证与天然的大山(万寿山)脉理相通。万寿山的石脉露出了地面,形成一块平地突起的巨石,巨石之东,依山势堆叠了假山石峰,上面立一座四方亭,叠峰造型亦很奇崛浑朴,与真山之巨岩完全浑然一体,增添了山景的自然雄健。

在理水上,谐趣园也模仿了寄畅园引二泉水造就涧溪景的手法。"清琴峡"之水便是引后湖之水,经暗道从石隙间宛转下泻,顺着山势盘曲迂回,从东部流出园去。还有一处仿八音涧的溪峡听声景命名为"玉琴峡",有几段涧峡,成自然阶梯状,水流经几块露头的天然岩石层层跌落,发出悦耳的声响。

清代自康熙之后,兴起了大造离宫别院之风,陆续修建了北京西北郊的三山五园、承德的避暑山庄等。帝王园林在建造时,就吸取了江南私家园林在布局和组景上的经验。到乾隆朝就干脆将江南的一些名园全部或局部地搬到苑囿中,成为别具一格的独立景区。例如圆明园之内就全部仿建了苏州的狮子林、海宁的安澜园、杭州的小有天园、南京的瞻园,然而由于兵燹战乱,英法联军的掳掠纵火,北方仿建的江南园林较完整地保留下来的只有谐趣园一座了。

14 燕　园

燕园位于常熟古城区,于乾隆四十五年(1780年)为时任台湾知府的蒋元枢所建,初名蒋园,后改名燕园,取"燕归来"之意。燕园现为江苏省文物保护单位。

全园占地约四亩余,平面呈狭长形,南北长而东西较狭,总体可划分为三个区域。

从位于辛峰巷的园门进入一条廊道,顺走廊右拐就到了为子女读书所建的"童初仙馆"。馆的南侧是一座低矮的小假山,再沿着一廊桥,绕到假山的南面,便是园中的第一个花园。假山南北两侧各用黄石和湖石分别叠成,取意为金银山,象征年年富贵。假山前为一小水池,池北岸筑一四面厅,取名为"三婵娟室",周围植有柳、竹、桂,与厅堂的名字相呼应。室前,荷花池虽小但池水曲折透迤,池南假山怪石嶙峋,状如群猴,奔、跳、卧、立,姿态各异,形象生动,别具情趣,被戏称为"七十二石猴"。三婵娟室东侧为一两层建筑"梦青莲花庵",登小楼还可远眺虞山风光。

从三婵娟室往北便进入第二个园子,迎面便见一黄石假山。这是叠石大师戈裕良所作。戈裕良能以少量块石,在有限的空间里把

金银假山

大自然中的峰峦洞壑概括提炼、堆叠钩连，使之变化万端，势若天成，又能坚固千年不败。苏州环秀山庄、扬州小盘谷，均是出于他之手的杰作。道光年间，燕园易主重新整修，园主请来戈裕良为园子构建假山。经过大师的构思和安排，就近取用常熟城内虞山出产的黄石构筑成这座巧夺天工的假山——"燕谷"，形成了全园景致的高潮。这座假山占地仅百余平方米，分为东、西两部分，各筑一环形磴道和一石洞。洞中各有一眼井，东为明井，西为暗泉。据说东边的石洞和石井是在1999年重修时，根据当地一老人的回忆重新挖掘出来的，重现了大师的巧构妙思。这说明园林考古在修复古园林中的重要作用，为那些随意修复的新造园林做了个很好的榜样。燕谷的石洞、石谷没有运用石梁搭建，戈大师使用勾带法，运用石头自然的凹凸形状巧妙咬合而成。整座假山不高不大但气势轩昂，踞蹲于院中如巨兽待发，石块叠砌浑然天成。谷中井泉暗涌，顿现幽深，山道跨磴数级，凸显崎岖；山顶青松如盖，虬枝呈岁月沧桑。陈从周先生曾说黄石假山贵在浑厚中有空灵，而燕谷所体现出的古拙而优雅的气质，正合唐宋山水画所崇尚的"平淡天真"的最高境界，是江南古典园林叠石的传世之作。

燕谷过云桥

燕谷之东沿院墙有高低错落的廊道与修竹构成"诗境"，顺廊道北入"赏诗阁"观赏山景，出阁下山，可至题名为"天际归舟"的临水旱舫。人移景换，组合巧妙，使该区以燕谷为中心，曲折多变，新意迭出，空间丰富。

燕谷北面是昔日园主人迎会亲友的"五芝堂"，堂后则为全园的第三区，西为"冬荣老屋"，东侧小院建有"一希瓦阁""十愿楼"，该区为园主人日常生活起居之处。

燕园虽小，但其布局紧凑，疏密得当，更由于其保存完好的戈氏杰作而成为重要的一处江南私家园林。

15 羡 园

　　木渎是与苏州古城同龄的水乡古镇。距今两千五百多年的春秋晚期，吴王夫差为了在灵岩山建造馆娃宫，聚材三年，"积木塞渎"，地名由此而得。木渎地接苏州，依山（灵岩山）近湖（太湖），是致仕官僚、富商文人建宅建园、退隐修养之佳选。至清末，境内第宅园林达三十多处，有"园林之镇"的美称。目前已修缮开放的，有古松园（蔡少渔故居）、榜眼府第（冯桂芬故居）、虹饮山房（徐士元故居）、羡园（严家花园）、遂初园（吴铨旧居）以及灵岩山馆等六处。

　　羡园在木渎镇山塘街王家桥畔，原是清乾隆年间苏州大名士沈德潜归隐木渎时的居所，本已初具园林雏形。沈德潜一直在此静心编撰书文，并传曾在园中接待乾隆皇帝留宿。道光八年（1828年），本地诗人钱端溪接手此宅园，题名为端园，在园中叠石疏池，构筑楼亭，一时名噪四方。当时的名士龚自珍、冯桂芬、叶昌炽等常来园中游赏题咏，留有不少诗文。光绪二十八年（1902年），富商严国馨购得此园，并依母意，将园名改为"羡园"。他延请曾编写《营造法原》的著名建筑大师姚承祖率巧匠重葺，因而布局有方，颇为精致。严国馨，苏州洞庭东山望族之后，经商有道，富甲一方。他的孙子严家淦(1905—1993)生于木渎,读书入仕,1975年在蒋介石死后,曾经接任台湾"国民政府总统"。因严家名盛吴中,故当地人习惯称羡园为"严家花园"。

羡园占地1.07公顷,中为宅院,为五间四进,三面是花园,依地势布置亭、台、楼、榭。主体建筑依次是门厅、"怡宾厅"、"尚贤堂"、"明是楼"和"眺农楼"。其中位居第三进的尚贤堂楠木直柱,木质柱础,是典型的明式楠木厅堂,已有四百多年历史。尚贤堂和明是楼前各有清代砖雕门楼,前座题字"桂馥兰芳",后座题字"绿野流芳"。所雕纹饰精细,有"独占鳌头"和"群仙祝寿"等图案。门楼肚兜内雕刻的大多是历史戏曲故事,高趣隽永,是艺术珍品。

尚贤堂右侧以传说是乾隆来此手植的古广玉兰花坛为中心的院落,由"友于书屋""延青阁""澈亭""锦荫山房"等厅房建筑围合

尚贤堂

延青阁及前庭

而成。友于书屋是严家藏书、读书之处。如逢阳春晴日,在会友咏诵之余暇,正可赏群芳斗艳,令人文思如涌。这是羡园的春景区。

友于书屋旁,沿曲廊向前是一片荷池,环池四周是"澹碧轩""织翠轩""澂亭"等亭轩小筑,锦荫山房和延青阁掩映在绿树花丛之中。夏季,莲荷盛开,清风徐来,荷香阵阵,暑气顿消,消受夏景正宜此处。

池塘北是秋景区,中秋节要赏月折桂,有"闻木樨香堂"(木樨为桂花别名)。重阳节要登高增寿,有爬山廊通"环山草庐",上得草庐二楼,放眼北望,秋高气爽,灵岩山的翠峰古塔胜景,尽借入园中。

环山草庐东北是一组建筑密度较高的曲廊厅堂,"疏影斋"前满植梅花,"听雨轩"前曲桥贴水,小雪初霁,踏雪寻梅,暗香浮动,是冬日的景色。

综观整个羡园各部分相连相通,又自成园成景,漫步其中,各处风味迥异,是一园四季,四季一园。童寯在《江南园林志》上评介说"虽然山村,而斯园结构之精不让城市",龚自珍也说此园"妙构极自然,意非人造"。

16 个 园

个园坐落于扬州市郊的东关街，其前身是清初的寿芝园。清嘉庆年间，两淮盐总黄至筠购得此园并加以改建作为宅园。由于园主"性爱竹"，种竹颇多，取竹叶的形状与汉字的"个"字相同，又袁枚有"月映竹成千个字"之诗句，故名"个园"。1998年个园被列为全国重点文物保护单位。

个园占地2.3公顷，原来的布局，南部是主人的住宅，北部为园林，这是中国古典宅第中前宅后园的传统形式。园中原有住宅五路，房屋二百多间，现在保存下来的仅有东、中、西三路，各为三进。其中"汉学堂"为主厅，厅内依扬州惯例陈设家具，桌椅纹饰、楹联、中堂均与竹子有关，可见主人爱竹之深。另有"清美堂""清颂堂"分别是东、西两路的主建筑。在宅院中尚保留着扬州大宅第中的典型构建——火巷。火巷在苏南一带称为备弄，这是聚族而居的大户人家为区别尊卑和内外而设的专用通道，一般是给仆佣及女眷出入所用，可见封建家族中等级规矩之森严。但苏南备弄设在房屋内部，比较暗狭，扬州火巷有所不同，见天透光，稍为宽敞，确如巷道通行便利。

夏山

　　花园设在宅院北面，即为后园。整个园林布局集中，各个造景都在一个大空间中完成，有一览无遗的乐趣。取名为个园，最大的特色就是以竹石为主，并造春、夏、秋、冬四季假山之景，表达出"春山艳冶而如笑，夏山苍翠而如滴，秋山明净而如妆，冬山惨淡而如睡"的中国画画意，表达了古人对"春山宜游，夏山宜看，秋山宜登，冬山宜居"的画理之理解。

　　从住宅进入园林，穿过月洞门，但见一小院，门上石额书写"个园"二字。沿花墙的竹林中插植有石笋数竿，似嫩竹出土拔节，春山之景跃然而出。透过春景后的园门和两旁典雅的漏窗，可瞥见园内景色，楼台花树映现其间，引人入胜。折向西进入一大空间便见有新篁丛丛，一片春意盎然。竹林以东，有一面阔三间、单檐歇山的厅堂建筑名"宜雨轩"，也叫"桂花厅"，是全园的主要建筑。轩北与一水池相隔有一座七开间的二层抱山楼，据说是当年作为两淮盐总的园主人黄至筠大宴宾客的场所。抱山楼东西长约近二十五米，西牵夏山，东携秋山，与楼前的水池和宜雨轩一起，形成全园主要景观。

　　宜雨轩西北部便是夏山，以太湖石叠成，姿态万千如云翻雾卷。造园者利用太湖石的凹凸不平和瘦、透、漏、皱的特性，远观流畅自然，如巧云、如奇嶂；近观则玲珑剔透，似峰峦、似洞穴。山上植古柏，葱郁苍翠，山前碧绿的池水将整座山体衬映得格外灵秀。游鱼嬉戏于睡莲之间，静动结合，情趣盎然。水边有一曲桥可至山洞，洞内幽深曲折，颇具寒意，即使炎夏，步入洞中，顿觉凉爽。盘石阶而上，登至山顶，一四角小亭迎面而立，名"鹤亭"。从夏山沿着抱山楼长长的二楼檐廊向东，可以到达由黄石叠成的秋山。秋山高大挺拔，是四季假山中规模最大的一座。至秋，山上红叶翩翩，古松苍劲，秋意无限。秋山不但气象可观，山中还有石矶可登攀，路径设

风音洞通道

墙龛

计十分巧妙。人行其中，忽而暗无天日，忽而峰回路转，柳暗花明，一会儿与那人相距甚远，一会儿又相遇于眼前，应验了所谓"秋山宜登"的乐趣。出秋山向南又有一偏安的小院，背靠高大的南墙几乎终年不见阳光。墙前的一丛冬山用宣石（石英石）堆叠，石质晶莹雪白，远远望去似积雪未消。地面用白石铺成，墙上凿有好几排规则的圆洞，初见不知何意，进入北侧厅堂，但见堂上匾额四个大字"漏风透月"，才恍然大悟，原来那墙上的洞是主人匠心构筑，用来与风月相会。

个园的独特魅力在于其将四季美景巧妙地利用"春、夏、秋、冬"四座假山结合到了一个空间里，以宜雨轩为中心，按顺时针布局，既互相渗透，又自成一体。游完此园，如进行了一次时空旅行，意犹未尽。个园的另一佳处在于其成功地将黄石与湖石混合使用。因为一般来说造园很难将黄石与湖石混用，但个园中，无论是对峙的湖石夏山和黄石秋山，还是相接的湖石黄石驳岸，并不使人产生突兀别扭之感，相接处倒也觉得浑然一体，十分不易。个园为中国传统园林的叠石留下了一个很好的有创新精神的实例。

清乾隆嘉庆年间正是扬州经济无比繁荣的时期，文豪巨贾多会于此。建于当时的个园，无论在布局上还是叠石手法上所表现出来的与众不同，正是当年绿杨城廓精致生活的映射，也成就了扬州园林在江南私家园林中独树一帜的重要地位。

17 何　园

　　何园位于扬州古城东南,徐凝门大街西侧,建于清代同治年间,占地1.4公顷,是一处大型私家园林,由园主人何芷舠在壮年辞官后花巨资建造。因建园时处晚清,受西方文化影响,在宅居格局和家具设置上都掺杂了许多西洋的元素。

　　何园的布局由大花园、小花园和园居三部分组成。大花园又分东、西两园,小花园是自成一格的"片石山房",园居是以"玉绣楼"为核心的主人起居空间。这几部分各自成章又相互连通,内外有别,营建了一个居游两宜的中西合璧、古今传承的私家园林佳品。

　　进入何园大门,花木丛中迎面一道云墙,圆形洞门上有隶书匾额"寄啸山庄"。这是何园主人何芷舠自写的题名,出自陶渊明《归去来辞》中"依南窗以寄傲""登东皋以舒啸",表达的是诗人不与黑暗的官场同流合污而寄情山水田园的志节情怀。以此题名,园主人的用意也就很清楚了。

　　入园右侧高墙壁上是一道满布的假山,它宛如嵌入墙体、依壁而生长的石山峰峦,白墙是画纸,石头是水墨,画成了立体的图画。这是最具扬州特色的贴壁假山。游客可以沿北墙一路登临攀援,石级参差,洞壑宛转,藤蔓垂络。贴壁山间还点缀有两座凉亭,一名"接风",一名"近月",高耸在山峦之巅,打破了生硬死板的高墙壁垒,而变成一座自然城市山林。沿山道可一直登上东园的读书楼,与贯通全园的回廊连通汇合,这是何园的一大特色。

东园第一个厅是"牡丹厅"。它在此厅房的东墙歇山顶上有一幅砖雕山花——"凤穿牡丹",雕工精细,线条流畅。牡丹厅周围遍植牡丹,花开时节,姹紫嫣红,春光烂漫。厅北为"桴海轩",也叫船厅,此名来自孔子语"道不行,乘桴浮于海"。厅四周地面以卵石和瓦片砌成水波花纹,一条方块石铺就的通道好似登船的跳板。何园主人名芷舠,含义是"一只载着香草的小船",何芷舠做的官职是盐官、粮官,都是和船运有关,与船有不解之缘,再加之壮年便辞官回乡,建此厅颇有回味奥曲之意。巧妙之处是设计不落具体的船的形象,而是用名称、铺地来借喻。此厅四面开窗,又有花厅和四面厅的功能,是主人待茶之所。东园西北角上是一座小楼,陈设清简,当年何家公子何声灏在此苦读,终被皇帝钦点翰林,故称"翰林公子读书楼"。

西花园是何园精心构筑的场所,北侧是长列的两层楼房,南侧是复道回廊,建筑之中西侧是一座大假山,假山脚下是一汪池水。这池灵动的水面把楼阁、亭台、假山、回廊全都串汇在一起,造就层楼临池、廊道迂回、山环水绕、古木荫翳的山水空间。

何园的复道回廊总长一千五百米,曲折回环,四通八达,分上下两层,贯穿全园。扶栏可以览景,移步则可交通,不管是雨、雪、烈日,人们都可以踱步其间,悠闲自得地流连忘返,不受天气变化的烦扰。这也是何园的又一特色。

西园靠东的池水中,建有水上亭台。这种水心亭又称小方壶,它飞檐翘角,装饰华丽。方壶是神话传说中海上仙山的名称。在亭中可以奏乐拍曲,表演歌舞,无论是从"汇胜楼"前的月台上,还是从水池周边回廊上来观赏,都是恍若神仙下凡一样的美景。

复廊

　　西园大假山和水池北侧为一排长楼。西北为"汇胜楼"（蝴蝶厅），是主人收藏书画的地方，楼下厅堂七间。另一侧也是客厅，名桂花厅，是宴请宾客的地方。可以想象当年宾客云集，杯盏交错，小方壶中音律悠扬，轻歌曼舞，加之满园桂花飘香，真是一番城市山林的好风光。

　　从西花园复道南廊西端转南，隐一门于园墙东壁，见隔墙高大树木，青郁如盖。进门一座湖石假山横亘园中，山石堆成悬崖，山前一座楼坐北朝南，上有石磴道与楼相连，下有洞曲与屋相连，楼名"怡萱"，是园主颐养慈母的庭院。院中植物都蕴含象征，如松柏象征长寿，女贞象征节操，紫薇象征和睦，石榴象征多子。与此相对应，楼前地面也用鹅卵石铺成福、禄、寿、喜图案。如果说，城市山林是闹中取静之所，此间当是静中取幽之筑。

　　与西园相邻，穿过怡萱楼东门，就是"玉绣楼"。这是一个用走马廊串联起来的四合封闭院落，杂糅了中西建筑和装饰风格，洋式

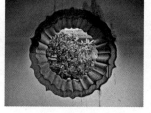

楼廊花窗之一　　　　　　楼廊花窗之二　　　　　　楼廊花窗之三

栏杆、拱形挂落、活动遮阳百叶窗、西式吊灯、壁炉,反映了园主出过洋的人生经历。玉绣楼之命名得自庭院内的高大广玉兰与绣球花树,在其花团锦簇时节,当是芬芳满园了。玉绣楼是供居家之用,现有的陈列向人们展示了昔日豪华奢侈的生活场景。

玉绣楼隔墙之东为骑马楼,是园主人的客房。骑马楼南立面是两楼相连,中有通道,而楼后有院落三进,足够待客留宿。当年,国画大师黄宾虹曾在此客居小住。玉绣楼院南为"与归堂",这本是何家宅园的正门客厅。堂上抱柱联"东阁梅花,扬州风月;南塘野草,何氏山林",据传由何芷舠亲撰,不但内涵幽曲,也道出了建园立意。与归堂是扬州最大的一座楠木厅。

在何园的东门西侧有"片石山房",是何园的大花园中的小花园。它是清初的画坛巨匠石涛的作品。石涛,俗名朱若极,明皇室后裔,明亡后愤而出家为僧,以画为生,侨居扬州。石涛的画师法自然,自成一格,是一代宗师。他还擅长叠石造园,但留下的作品仅存片石山房孤例了。现在的片石山房是扬州园林专家们多方考证后又经陈从周先生亲自参与筹划,于1990年精心修复的。这又是造园史中的一段佳话。

进入片石山房,门厅天井有"一滴泉"。绕过照壁有三间水榭静卧水面,园东为"天任馆",是已有四百多年历史的楠木厅,是何园最古老的房屋。厅北正对一座湖石假山。仔细观察,山石峻峭又含圆润,洞壑宛转而显通朗,上设凌空栈道,下临瀑布深潭,中有石室二间。山势浑然一体,手法巧夺天工,诚大师巨作也。看了这样的假山,就可以比较出那些拙劣的堆山技巧了。

从东向西绕过假山,可到西回廊的"镜花水月小轩"。轩壁上镶有一面四方明镜,将对岸假山景致尽收镜中,恍若壁后更有一处美景虚实莫辨,令人心旌摇动。

游遍寄啸山庄,回味各处景致,当首推东园的附壁假山独具匠心;其次为复道回廊把全园亭台楼阁连成一气,沿廊上下层层叠叠,迂回曲折,把每个景点由不同角度转换成近远实虚、高低错落的诸般景观;再者乃对于古人留存的片石山房采取尊重原样,不去多加干扰,不去添加现代人的诠释,而终成大园中的园中精品。私家园林是园主生活起居的场所,富商显贵们除了舒适的物质享受之外,对高雅的精神文化也有需求,从厅堂构建,刻意装饰,无不表现出一种境界的创造和诗意的表达,也给后人留下了历史的怀想。

陈从周题名"片石山房"

18 小盘谷

小盘谷在扬州市古城内大树巷。这一地段还基本留存了扬州旧城原有的历史风貌。从已拓宽的徐凝门大街何园(寄啸山庄)院墙边的小巷走进去,经大描金巷、如来柱小巷,才是大树巷。巷子是曲折的,要转十几个弯,经过三四处巷头巷尾的水井,才能找到。这座花园原来是私人的,后来成为公产了,现在由于产权转让等问题还没有解决,已经空关了四年。房屋没有人住,已残破凋零,虽然花园里野草丛生,藤蔓疯长,池水污秽,一派败落景象,却还能呈现出原本的身躯,骨骼肌腱尚存,实在也难得。它藏身于深巷陋屋之间,全不像其他园林那样显露出豪宅富户的权势气派。

小盘谷是清光绪二十年(1894年)后曾任两江总督、两广总督的周馥购自徐姓私宅重修而成,至民国初年又复经整修成现在格局。园主周馥官位甚高,退休后却乐于简朴,曾有《蜗居》诗云:"少年匹马逐跳丸,白首蜗眠一室宽。"花甲之年历经沧桑,又写道"斗室三缘百本树,聊为老人散腰步",道出他不追求宏宅大院,只需要斗室容身、古树相伴就可以安度晚年的志趣。对照他建的这个园林,也确实具有这种高雅的气质。

花厅与小阁

园在宅的东部,园与宅有火巷相隔。自大厅旁入月洞门,嵌隶书额"小盘谷"。园内以花墙间隔为东、西两个庭院。西院是主要的山石花园,近面左侧有三间曲尺形花厅,以游廊相连,水阁凌波。厅前一方水池,池对岸倚壁是整片层峦叠嶂的湖石假山,像一幅用石头和植物描绘的自然山水图景。"正是危峰耸翠,苍岩临流,水石交融,浑然一片"(陈从周语)。池上有三折石桥,跨过小桥即入大假山的石洞。洞腹宽广,有石桌石凳,洞上开有孔穴,天光可透,可敲棋吟诗,可小坐纳凉。洞端临池,置磴石,可追流寻趣,又有石级可登山顶。这里山谷崖口,横有一石梁题名"水流云在",藏于垂藤绿荫之中,饶有几分仙气。山巅筑亭名"风亭",可览全院隔墙左右花园景色。

整座假山叠砌成深谷悬崖,中峰迭起,气势巍峨,群峰陡峭,危临溪涧。山上古树枝杈,藤萝掩映,石隙蒲草,石壁藓苔,水岸矶渚,使这

瓶形门

座假山像真的山一般，显得分外的古拙而自在。

东院花墙漏窗，粉墙入口作桃形门洞，题额"丛翠"。园内原有花厅、竹树、鱼池、石笋、花坛等，惜年久失修，满院荒草垃圾，呈现一片狼藉，亟待整修。

小盘谷是个小园，小园宜静观。居家闲坐，挚友小聚，或沐风于水阁，或数鱼于槛前，或漫步于山巅，或徜徉于回廊，或闲敲棋子，或倚楼纳凉，或吹箫洞壑，或吟唱泉池，有神定安逸之闲情，而无功名利禄之俗念。欲袭古人之衣钵，如此方能领略小盘谷之佳妙。

小盘谷面积不大，只是一汪池水、一堆假山、三间楼阁，而经过叠石堆山，植树蓄水，就给人造成园景深邃，景色丰富的感觉。当你步入假山，像深山幽谷，随石登道，蹬步上下转折，洞穴明暗穿插，登山顶又豁然开朗，会觉得游线并不短促，趣味盎然。这就是江南园林的以少胜多、小中见大的艺术效果。

小盘谷假石有"九狮图山"之说。《扬州画舫录》卷二云："淮安董道士叠九狮山，亦藉之人口。"陈从周先生认为小盘谷的假山可能就是沿袭了董道士的手法，而有此卓绝的作品。他说："董道士是乾隆间人，今证以峰峦、洞曲、崖道、壁岩、步石、谷口等，皆这一时期手法。"果真如此，则是扬州的骄傲。前有石涛的片石山房，后有董道士之小盘谷，名师大作当珍之永葆为是！

19 乔 园

　　乔园位于泰州市老城区原八字桥直街（现改称海陵北路），现存园林面积不大，但历史悠久。1982年公布为江苏省文物保护单位。乔园的历史可追溯至明万历年间的日涉园，四百多年来此园数易其主，几度兴废，景物多有变化，至今尚存"三峰园"（即"山响草堂"）旧貌踪迹可寻。乔园前身最初为明代陈鸢旧居，万历年间其孙太仆寺卿陈应芳建园，取晋陶渊明《归去来辞》中"园日涉以成趣"之意，命名为"日涉园"。园于清初转归田氏，旋即又在雍正年间转为高凤翥所有。此园在高氏手中历经雍、乾、嘉三朝，多年苦心经营，颇成规模。高凤翥觅得石笋三支，增色园景，遂更名为"三峰园"。此时园旁已有大片住宅。园内有十四景，称为"皆绿山房""绠汲堂""数鱼亭""囊云洞""松吹阁""山响草堂""二分竹屋""因巢亭""午韵轩""来青阁""莱庆堂""焦雨轩""文桂舫""石林别径"等。这一繁盛时期的景物一直延续到道光年间，其间曾有李育作园图，周庠绘《三峰园四面景图》，记录了当时景色。咸丰九年（1859年），从官场上病休回家的吴文锡购得此园并投资修缮。吴以"荒园藏身有所"之意，将三峰园改名为"蛰园"，譬喻

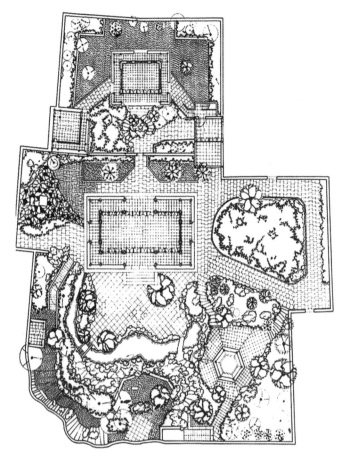

乔园平面图

自己像冬眠动物的蛰伏状,并在修复此园后作《蛰园记》。从此记中可见当时园况,并可推断此园当是苏北地区最古老的园林。后来蛰园又归乔松年所有。乔松年曾任两淮盐运使,是个有钱有势的大官,后又历任布政使、巡抚,为历代乔园园主中官位最高、权势最盛者。这一时期该园林也名声最大,名流之间唱和涉及最多,乔园也就成为此园的最终称谓。

如今乔园只留原东部景物,其余部分与文献图录对照,已难相符。2006年泰州市政府以清人周庠《三峰园四面景图》为依据,对园林进行了恢复重建,使其基本重现了旧观。

乔园主要分东、西两部分,中间有院墙相隔,通过来青阁连接。东部庭园是精华所在,即原日涉园,占地仅0.15公顷左右。园内厅、堂、楼、阁、轩、亭皆有,池、泉、洞、谷、桥齐全,假山、古树、池、泉均有佳景,总体布局紧凑,层次分明。园中以山响草堂为主体,景致在其四周。该堂飞檐翘角,歇山顶,单层,四面围廊,为四面厅,内悬"三峰园"匾额,系清嘉庆二十一年(1816年)所立。堂前迎面是一座湖石假山,横以带状水池,湖石环抱,小溪流淌。"山因水活,水随山转"(陈从周语),池西倒架小环洞桥,过桥进入假山洞道,曲折蜿蜒。洞形似囊,名"囊云"。池东石阶数级,过小飞梁,可达山巅。山上矗立三支石笋。石笋东面有一株古柏,《蛰园记》中有记载云"瘿疣累累,虬枝盘拿,洵前代物也",是园中最为珍贵的历史见证。古柏分杈两枝,一枝已枯死,一枝尚青翠精神,应更珍惜护理。山上的古柏石笋,景色不与一般造园中竹林配石笋的惯例,颇具别意。山麓西首有一短墙,壁间嵌一湖石,宛如漏窗,瘦骨空灵,奇巧剔透,应属名石。山巅西有半亭倚壁东向,小巧玲珑。山麓东建五角攒尖亭,名"数鱼亭"。堂东植竹林一片,竹影萧疏,拥衬草堂。山响草堂之北以堂后花墙为界,分前后两园,前低后高,前显后隐,互为因借。通过花墙月门,又辟小园,园内垒黄石为台,循阶登上,正中为绠汲堂,堂下有泉,甘洌可饮,以符绠汲之意。堂回廊四面通畅,左有松吹阁,右有因巢亭(原亭已废,近年才修复)。松吹阁高三层,登临可远眺,惜古城内高楼迭起,殊不是昔日居高临下景色;在因巢亭中则可以凭栏俯瞰满园景色,绿树山石,楼阁屋瓦,参差有致。

乔园东部以草堂居中,众屋亭舍参差分布,园内的古柏、假山、砖拱隧道、湖石,多属明代遗物,甚为珍贵。陈从周先生有评说:"厅事居北,水池横中,假山对峙,洞曲藏岩,石梁卧波等,用极简单的数

因巢亭

事组合成之,不落俗套,光景自新,明代园林的特征就充分体现在这种地方。"

二十世纪五十年代以后,乔园辟作办公用房,后又成为招待所。在日涉园的东、西、南三面先后建有迎宾楼、新楼、会堂、餐厅等。古园在大楼围抱中成逼仄的小花园,园内堂、舍被胡乱使用,破损污秽,深为无奈叹息。1990年泰州市政府初步修缮了日涉园,落架大修了山响草堂,重建了松吹阁、因巢亭,修缮了湖石假山,调整了花草树木,使日涉园重现旧貌。2006年又作了全面整修,拆除了原招待所的所有楼宇,进行了全面整体的规划,立足于认真保护园内的文物遗产,包括建筑、假山、树木以及可利用的植被,仔细研究史料,着重再现和延续私家园林的传统特色。

新增部分景区设在园区西部,该景区是基本按照史料和画页记载恢复重建,和古园以院落分隔,用曲折的小径使两者相互渗透。

莱庆堂小院

园区内重新修建了来青阁、莱庆堂、二分竹屋、皆绿山房、焦雨轩、文桂舫、午韵轩、石林别径等景观建筑。该部分复建建筑较为集中,并增设一池,近可观鱼,中可赏荷,远则成画。

在园区东部区域,有许多历史遗留下的古树名木,必须认真保护与利用。在区内挖了一条与日涉园小溪相通的溪河和利用原喷水池扩建的荷塘"赏荷榭",此榭面临广池,成一开敞空间。

整座园林经过扩建,北、西、南三面临街都设了入口,南面是宅门式入口,西面为曲廊式,而北面是庭院式,各不相同,都尽量与泰州街市及周围民居相般配。

我看此园,古园简朴,山石建筑大小相宜,古踪可觅。新园虽尽心力求形似,但建来却显矫情。建筑亭轩略嫌其大,花木景物稍嫌其多,陈设用料更嫌其奢,有铺张求全之形,少江南园林清纯飘逸之意。施工建造求速,必少推敲,这也是近年来许多新建、复建园林的通病。

20 瞻 园

　　瞻园坐落在古城南京城南瞻园路,属秦淮河景区。明初为中山王徐达王府的西花园,清代改为官署,乾隆南巡时,题名为"瞻园"。咸丰三年(1853年),太平天国建都南京,瞻园曾作为东王等衙署,后清军攻破天京时遭破坏。同治、光绪年间虽有修整,但后来也未免荒圮。至1960年,此园由当时南京工学院刘敦桢教授主持恢复整修,而成今日规模。刘先生在修缮中认真考证、悉心研究,特别是重新策划恢复原状,在一片废墟狼藉的乱石土堆上重新堆砌假山,一丝不苟,费尽心血,使这一古代名园又重新焕发青春光彩。

　　瞻园是一个小园,全园南北宽、东西窄,总面积约0.5公顷。大厅"静妙堂"是主体建筑,横亘正中,将全园划为南、北两大景区。堂为面宽三间之鸳鸯厅,南临水池,而成水榭,临水柱间有坐栏和美人靠,可赏水中美丽倒影。北面是开阔的大草坪,溪水在西侧环流,东有曲廊小亭,这些都是南、北两座大假山的配景。

　　瞻园以山石取胜,假山为全园的主要景致。北山全用湖石堆成,最有特色的是临水的石壁、石径、石矶,临石壁有贴近水面的三曲平桥,山中有纵深的山谷,谷上架有旱桥,山顶有平台,留有古

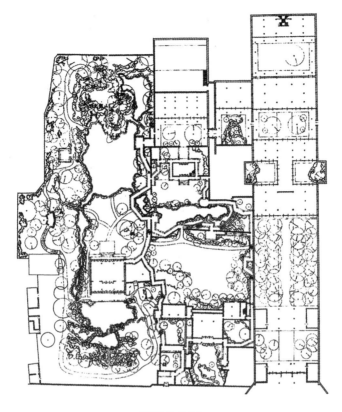

瞻园平面图

木、藤蔓。临水的石矶与高峻的石壁，形成强烈的对比，更显出石壁的高耸挺拔。陈从周先生说"假山看脚，亭子看顶"，又说"水随山转，山因水活"，北山临水的石矶、石壁可谓做得最为精到。在陡峭的石壁下有低而平的两层大石矶，石矶深入水中，自然生动，假山就像是从水里生长出来的。假山前部，池水环抱，平台布局凹凸变化，池案曲折成水湾、水渚、水潭、水巷，极其丰富而自然，真是"虽是人做，宛如天开"。这是重修时揣摩古人的手笔而精心配置的杰作。

静妙堂南即是1960年重建时新堆的假山。原山已不存，临池壁高七米，长十米，有主峰、绝壁、洞龛、山谷、水洞、瀑布，步石绵延，石径幽长。虽是人造的假山，步入其中亦有入深山之感。游人从绝壁经水洞，循石级，进入洞龛，洞中头顶悬石重重，钟乳危垂，深

北假山曲桥

邃幽黝；池水缠步，路曲峰转，有石室、石台、石凳。头顶石洞可窥青山绿树，疑似隐士打坐冥想之处，实有神秘之感。山与静妙堂隔水相望。来到山上，与堂前倚栏而坐的宾客可以招呼应答，恰似山居村舍之写意。山虽不大却有深远之感，水虽不阔也有不尽之源，正是"循自然之理，得自然之趣"。

瞻园已被确定为全国重点文物保护单位，近年得到妥善的保护和修复，并已按规划复建了一组由大厅、楼厅、楼廊及庭院组成的景园。东部重修的厅堂，现辟为太平天国历史陈列馆。中部增设了草坪空场，扩大了游人活动的场所。近年又增加了夜景灯光设施，并在静妙堂中安排了丝竹管弦等表演，可供游客夜晚赏景听曲。当月色朦胧，池水映影，微风轻拂，在亭台山崖之中传来丝竹曼曲袅袅，当有另外风情。

从北假山眺静妙堂

21 水绘园

　　水绘园位于江苏如皋城东北端。如皋是座历史古城，城市被内外两条护城河环绕，沿内外城河两岸，绿树扶疏，细柳拂水，市桥相望，碧波映影。在古城东北处，河港交会，汇水成池，就其地势建就水绘园。园的取名，是取同音"会"字，四方的水来此相会，又是用水绘就的园林景色画卷，双重含义。此园四周不设墙垣，环以碧水，园中借水的聚散形成美丽的图画。

　　水绘园由冒一贯始建于明代万历年间，历四世到冒辟疆时始臻完善。冒辟疆，名襄，天资聪颖，年少时即有诗名，后来是明末天启年间著名的复社四公子之一。明亡后，他坚守民族气节，隐居在水绘园。当时许多名士如王士禛、孔尚任、陈维崧、吴伟业等经常来园中相聚，诗文唱和，以至于坊间流传着"十之渡江而北，渡河而南者，无不以如皋为归"的佳话，使水绘园一时名动四方。冒辟疆与董小宛的爱情故事又为水绘园增添了浪漫色彩。董小宛，名白，号青莲，南京秦淮有名的艺妓，聪慧美丽，能诗善文。她与冒辟疆一见钟情，矢志不渝，在战乱中随冒辟疆到水绘园隐居，同甘共苦，相依为命，不料二十七岁时病故于水绘园，但她的爱情佳话和才名却在

拙政园小飞虹

网师园月到风来亭

沧浪亭的复廊与芬水

艺圃的粉墙树影

水亭雾影狮子林

留园小蓬莱之春

耦园织帘老屋内景

环秀山庄一景

退思园中庭旱船

怡园红枫

瞻园夹水廊道

水绘园枕烟亭

秋霞圃北山

小莲庄的荷花池与东升阁

壹默斋内景

民间广为传颂。

冒辟疆身后，水绘园渐颓毁，几近荒芜，原有秀丽风光不再。乾隆二十三年（1758年），安徽盐使汪之珩在原洗钵池畔营建"水明楼"，题名取自唐代诗人杜甫"四更山吐月，残夜水明楼"的诗句，意在仰慕怀念冒辟疆、董小宛和原来的水绘园。

水明楼临水而建，整个建筑南北长四十余米。前有轩亭名"琴台"，内有一中空的瓦制琴台，传说是董小宛的遗物，中有厅名"竹屏"，放置一座三块相连的红木雕屏风，上面雕刻的竹子，刻工精巧，后有楼阁即水明楼。进楼内观赏，房舍雅洁精致，楼上分客座和暖阁。这三处建筑连成一线，内室、中道、外廊层次分明。内有曲廊相连，中间开了两个天井，内有芭蕉石峰、丛竹老树，漏窗花格可通视院外水面。书斋内陈设洋溢书卷气息，东窗下水波漪漾，有登船舫之感。推窗北望，则是已气象更新的水绘故园。

在池外看水明楼建筑，灰墙上嵌着白色的漏窗、黑色的屋瓦，屋角舒展起翘，屋顶高低起伏，半开着的暗红色的窗扉留着空洞，绿竹松枝从墙头上升起，点缀了硬质的建筑，在镜面般的池水上倒映出玲珑的身影。在水光天色的衬托下，这是一幅素雅而明艳的水彩画。

"雨香斋"在水明楼西边，与楼相连，其址就是原先曾肇读书处"隐玉斋"。曾肇，宋代文学家曾巩之弟，曾任泰州知州。元末斋毁。清初在隐玉斋故址上建"雨香庵"。康熙十八年（1679年），安徽盐商组织同乡会，在雨香庵内设立会馆，取名新安会馆，供奉关圣帝君，以义结交乡亲。当时的雨香庵是如皋的名胜之一。院内尚存八百多年的古桧一株，俗称"六朝松"，枝干遒劲，古风巍然。此小院现恢复原名"隐玉"。

水明楼、雨香庵构成一个整体建筑群，自成体系，布局独特，结合地形而自由组合，虽不合厅堂规矩，但实用精致，融汇了我国南北园林的特色，是大江南北罕见的建筑杰作。水绘园已被列为南通市

双重门洞

文物保护单位,于1980年整修并对外开放,现在如皋市博物馆也设在其内。

　　如今的水绘园范围已经扩大,包括水明楼、雨香庵和人民公园三个部分。北部的水绘园已按原有遗址及文史记载做了恢复与重修,水绘园中原有的"妙隐香林""壹默斋""枕烟亭""寒碧堂"等,均已大致重建,呈现旧日景观。

因树楼

22 豫 园

豫园位于上海市南市区城隍庙。

豫园筹建于明嘉靖三十八年（1559年），园主人是刑部尚书潘允端。潘允端入仕前，在上海老城内北隅（今安仁街一带）自己住宅东面开始建园。当时取名为"豫园"，是有"豫悦老亲"的意思。万历五年（1577年），潘允端自四川布政司告病致仕回沪，便集中精力修建豫园。完成之时，全园遍布亭台楼阁，曲径游廊相绕，奇峰异石兀立，池沼溪流与花树古木相掩映，规模宏伟，景色佳丽。

明末清初，潘氏家道衰落，豫园也逐渐荒芜，其地被外姓分割，明秀风光已不复存在。清康熙年间，上海城隍庙购买了庙堂东部原豫园的一块土地建造庙园即"灵苑"。乾隆二十五年（1760年）起，当地豪绅又集资收购庙堂北边及西北的豫园余地，重新恢复当年的园林风貌。于是灵苑被称为东园（即今日之内园），而将位于西边的新修复的园林称为西园。这项修复工程到乾隆四十年（1775年）才完工。在以后的岁月中，豫园又遭到多次严重破坏，花园部分几成废墟。

1949年后，为了保护这一珍贵的文化遗产，人民政府拨专款对豫园进行了大规模的修复。1959年豫园被定为上海市级文物保护

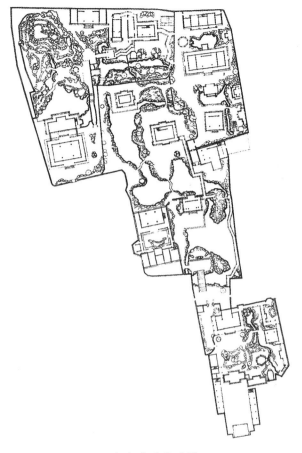

上海豫园平面图

单位,1982年又定为全国重点文物保护单位,并对外开放。

现在豫园占地约两公顷,除了荷花池、湖心亭及九曲桥划在园外,当年各处佳景已逐步恢复。全园景点约有四十八个,大体可分成仰山堂及大假山景区、万花楼景区、点春堂景区、会景楼景区及玉玲珑景区。另外还有自成体系的园中之园——内园。

豫园西部的重点风景是堆叠于明代的黄石大假山。从潘允端建园以来,厅堂亭榭毁了又建,建了又毁,唯独大假山历尽百劫而安然无恙。豫园大假山是现存江南最大、最完整的黄石山,它的设计堆叠者是明代江南著名的叠山艺术家张南阳。张南阳是上海人,从

龙脊围墙

小受到很好的绘画训练，爱好园林叠山，别号小溪子，又号卧石生。他用画法试叠假山，随地赋形，做到千变万化，见石不露土，塑造出各种自然山景奇观，仿佛真山真水一样，因而一时声名大盛。豫园大假山是他留存的人间孤本。

这座假山有三个特点。其一是气势宏大，整体性强。艺术家运用了各种巧妙的手法将无数大小不同的石块，组合成一个浑然的整体，山中有石壁悬崖，有深谷磴道，有岩洞流水。尽管山高只有十二米左右，但是一入其境，便如同来到了自然界的万山丛中，实为城市山林创造中的大手笔。

其二是开合得体，自然多趣。堆山和画山一样，妙在开合。"开"是分散，"合"是集中，"开合"便是妥善处理分散和集中的矛盾。豫园大假山之开法主要得力于一条纵深的涧谷，它切入山腹，使山体向南伸出两条山脉，渐渐低下去与水池、涧溪交融在一起。这在国内园林假山中，是独具一格的。

其三,山路磴道,尽曲尽变。假山不只是"看",还要供人们亲自去攀爬游览,因此游山路线的布置亦很重要。豫园假山游览路线有两条,一是从"溪山清赏"门到前山,经过其山麓的"挹秀亭",沿山势的起伏曲折宛转而上,又奇又险,趣味无穷。另一条是后山磴道,由"萃秀堂"右侧起,穿越曲洞盘旋而上,路线几乎是垂直的,更是危峻无比。当年,爬到山顶的"望江亭"就能看到黄浦江上点点风帆。

如此好的山林景色,并不是一览无余地暴露在游赏道路上让人观看,而是用楼廊相绕,藏在园子的西北一隅。这也是中国园林艺术讲究含蓄,注意"曲有奥思"的佳例。

赏大假山景,不能忽略了山背后的观景点萃秀堂。萃秀堂位于假山东北面的峭壁异石间。它是假山一区的尽端建筑,后边高墙围隔,前边和西边是峭壁危崖,唯东边可通。其地理位置犹如山中的小盆地,显得格外静谧。静坐堂中,推窗便可细赏黄石假山的垒块石壁,以及石面的质地纹理,是为"近观取其质"而特别设立的赏景点。因为开门见山,间隔距离很短,更觉得主山之高大险峻。

从大假山向东就是万花楼景区。这一区域以小的花木竹石景为主题,而万花楼是院落中的主体建筑。楼前是一片洁净的铺地,尽头石栏下,则是一湾小溪从东边流来,淙淙作响。溪对面的粉墙前,有一长条隙地,为了不过多占据园地,造园家便紧靠墙堆叠了一座峰峦突起的依壁假山。山石前,翠竹、兰草等植物迎风摇曳,近处则是古树二株,枝干苍苍拂向水面,好一幅宁静的溪流竹石小景。在游过大假山雄伟野趣景后,沿曲廊进入这一院落,耳目为之一新。

除了"万花楼",这一景区另一个重点就是复廊廊口南侧的"鱼乐榭"。榭扑出在水溪之上,从假山前大水池分流而来的水经过花墙下的半圆洞门(此墙称作水花墙),东南两边围绕着小榭。"鱼乐人亦乐,水清心也清",榭柱上楹联脱胎于庄子的《秋水篇》。

水廊与涵碧楼

这里院小景精，实在是闲来静赏鱼乐之佳处。位于万花楼西南，曲廊转折点上的"两宜轩"是赏水看山的好去处。这里探首俯视则清水长流，隔岸相看则石壁假山，所以取名为"两宜轩"。

溪水流长，穿过一壁粉墙，又是一所院落，其主体建筑便是"点春堂"。点春堂是豫园东部的主要景致，它不仅景色美，而且还是上海近代反封建反侵略的革命遗址。

厅堂原建筑建于清中叶道光初年，在上海经商的福建籍商人在这里成立花糖洋货公所。1853年9月，上海小刀会举行反清武装起义，点春堂曾作为起义的指挥所，战火延及，几乎毁尽。以后同治年间重修的点春堂景区，建筑较为密集，配以花树泉石，正是"花木阴翳，虚槛对引，泉水潆洄，精庐数楹，流连不尽"。

点春堂对面的小戏台雕刻精细，梁栋涂金染彩。原戏台一半架在小池中，当年是供岁祀及平日演唱之用。明清时，园林同昆曲关系甚为密切，在园林中唱曲，不但环境美，映着水面，声音也格外好听，是士大夫们很喜爱的娱乐活动。豫园的这座戏台亦是园林艺术同戏曲艺术相通相亲的一个佐证。

戏台下的小水池向南又分出一流，直达这一景区最南端的"和煦堂"。和煦堂与点春堂一南一北，构成了这一景区的骨架。"和煦"本意是阳光明媚温暖，后人常以和煦来形容春天的阳光，这样"和煦堂"与"点春堂"在风景题名上又是相互呼应，非常自然。

置立于点春堂景区南边的太湖石"玉玲珑"，是豫园的镇园之宝。玉玲珑是江南三大名峰之一，石身玲珑剔透，表面布满孔穴，外形飞舞跌宕，具有漏、瘦、皱、透之美。传说石中万窍灵通，"以一炉香置石底，孔孔出烟；以一盂水灌石顶，孔孔流泉"。玉玲珑不愧为峰石之上品，以它为主景，构成了一个观石的景区。为了能朝夕欣赏这石峰，潘允端还对着它盖了一座"玉华堂"，作为自己的书斋。

清末到民国初年，这里屡经战火兵灾，独留孤石，已不成景。1986年，由我国著名园林专家陈从周教授主持，对这一景区进行全面的规划复建工程，历时一年余。豫园东部玉华堂景区的复建非常之难，玉华堂和南边的玉玲珑之间已是一片平地，无遮无隔，陈从周先生以简胜繁，用最简单的粉墙和月洞门力挽了全局。

在复建中，主景玉玲珑石后增设了一道照壁，其旁又点以翠竹数重。石前引来清水，做成一小水湾，形成了品石赏景的空间。主厅玉华堂前设临水月台，既可赏石，又可赏月。堂北的"会景楼"前，有一片水面较大的荷花池，就制作一座精美的三曲平桥贴水过池；南岸再修砌一道黛瓦粉墙。游人踏上桥面石板，南面的玉玲珑透过粉墙上的圆洞门，正好映入眼帘。人随曲桥行，石也在圆洞门中左右移动，恍惚之中更令人感到玉玲珑之娇媚。这是园林置景构思中极为巧妙的一笔。陈从周先生题"引玉"两字作为洞门题额，更点出了此景在游览中的引导作用。

粉墙还有藏拙的妙用。三曲平桥之西北，有一小亭临水而立，

九龙池

名为"流觞亭"，亭南不几步便是"得月楼"。此楼原是会馆建筑，体量较大，从地面到檐口，一色朱漆门窗，同园林幽雅的景色格格不入。此粉墙一立，在流觞亭中赏景，对得月楼便有了"隔院笙歌"的意境，不会感到高楼的压抑。同时，因为楼与墙之间尚留有二尺隙地，栽翠竹几竿，石笋数株，成为很雅洁的狭长小庭，无论是在楼中倚窗静观，还是在墙北沿假山小径缓步而游，透过花窗，均是一幅幅竹石小景，几可与网师园殿春簃北边小庭相媲美。

豫园中精雅小巧的园中之园"内园"位于玉玲珑峰的南边，面积只有近二亩二分地，但结构完整，自成体系。厅堂、亭榭、假山、水池、小院一应俱全，景色幽雅，是上海保留完整的一所清代小园。

内园的堂即"晴雪堂"，是内园的主厅。我国古代造园非常重视主要厅堂的定位。计成在《园冶》中就说过，凡建造园林，以立厅堂为主，先乎取景，妙在朝南。晴雪堂前有一片雅洁的花街铺地，假山堆叠形姿变化颇为丰富，可谓奇石林立。山上古木均是前清所植，参差苍古。坐在堂中，这座假山很自然地成为主要观赏对象。

假山四周环绕着几座楼阁，是钱业公所在园中举行各种活动的场所。面对假山自东至西有"延清楼""还云楼""观涛楼"，彼此连在一起，俗称串楼。三座楼中，以观涛楼最为有名，楼有三层，是豫园内最高的建筑。早先，这里是观看黄浦江秋涛的好地方，现在随着城市的发展，此处已看不到黄浦江了。静观堂之东，有一小水池，俗称九龙池。池水三边游廊周绕，南边由一道水花墙隔断山脚，形成一个曲折幽静的水院，一水口穿过花墙洞口流入山间，看上去显得源远流长，幽深莫测。东边，一枝古木从湖石池岸上斜向水面，透过花墙上的漏窗，假山石壁之景又像是在向你招手。此处堪称内园之中的"曲有奥思"之区。

豫园在乾隆二十五年由士绅集资修复后，东园（内园）、西园在性质上有所改变，从私家宅园变成了供士人乡绅们集会雅玩的寺庙园林，但是基本上还是遵照了潘氏豫园的原先规划布局，保留了文人宅园的明秀雅洁的风貌。以后的历次修葺中为了更加适应对社会开放的需求，在园中又增建了一些形体较大的建筑和满足公众游览的景点，致使原来的居住功能基本消失，而公共游园的性质愈见凸显。然而，来到园中静心揣摩品赏，还是能从遗存下来的布局构思、小品配置以及题额楹联等方面体会到清代私家园林的格调和情趣。

23 秋霞圃

　　在留存至今的江南古典名园中，以美丽的天象景观为名的，只有秋霞圃一座。古园位于今上海嘉定区老城东大街上，是一座古朴清幽的明代私家园林。园建于明弘治十五年（1502年），原是工部尚书龚弘的私人宅园。建园之初，正值明代中叶江南文人造园之风大盛之时，园林主人以较高的艺术造诣布局设景，使其山具丘壑之美，水揽江湖之胜，在咫尺范围内，创造出宛自天开的美景。

　　龚弘故后，家道衰落，其孙将园卖给安徽汪氏。万历年间，汪家又将园还给龚家。此时又有文人沈弘在秋霞圃东筑园，人称沈氏园。自此以后，嘉定东街上两座明代私家花园比肩而立，相映交辉，也是江南园林史上的一段佳话。

　　清雍正年间，地方上的士绅富商买下了秋霞圃和沈氏园，捐给嘉定城隍庙作为庙园，于是这座私家园林便对市民百姓开放，具有某种城市公共园林的意味。到咸丰十年（1860年），古园几乎全部毁于兵燹，只剩几堆湖石和一泓池水。后来陆续重建了部分建筑，但又在厅堂内开设茶肆、商店，几乎形成了庙市，园林面貌不断遭到破坏。1962年秋霞圃被列为上海市重点文物保护单位，二十世八十年代对古园进行了全面修复，并将沈氏园、金氏园、城隍庙等景点名胜归并一处，总占地达到3公顷，分为桃花潭（秋霞圃）、凝霞阁（沈园）、清镜塘（金园）和邑庙（城隍庙）四个景区。

秋霞圃的核心景区桃花潭景区（即明代秋霞圃古园部分）只有九亩余（0.6公顷），所以明代著名书画家董其昌为之题额"十亩之间"。这样的小园如以步行速度走一圈，半小时就足够了，但人们

即山亭

往往在它的山水林泉、亭台小轩间盘桓半日，仍感游兴未尽。这是因为这座小园的布局点景，颇具匠心，多有可细赏之处，令人流连忘返。全园以水池"桃花潭"为中心，围绕池边布置了众多景点。池之南北各置一座假山，池南为园内主要山景湖石大假山，石壁直接从桃花潭中生起，峭峻嶙峋。山积土缀石而成，上植多株古树，疏密有致，为江南园林中叠山之妙品。其"南山"之名，取自东晋陶渊明名句"采菊东篱下，悠然见南山"。山北边的桃花潭又是来自《桃花源记》，可见当年园林主人对陶渊明高风亮节之仰慕。

池北是黄石假山，名为北山，又称"松风岭"，所叠石壁宛若自然，很有古意。有小路盘旋上山，山顶建六角小亭"即山亭"。早先，在亭内北眺，能看到周边农家田园、古城墙。桃花潭南北两侧黄

石假山的浑厚与湖石假山的玲珑,隔水形成很好的对比。在平地造园,用隔水叠山分隔空间增加山林野趣的处理手法,在江南园林中是很少见的。桃花潭水池狭长,池岸断续,间有水口曲折引出,仿佛泉水自山中流出。在断岸处,贴水架石板平桥,名曰"涉趣",东南部有一溪流回环,直至湖石假山南麓。造园者在这样的山水布局中,巧妙地设置了一些亭台建筑,导引出游览路线,使小园有环环相套的游赏空间,主题别致耐看,延长了园林空间所含的时间量。

环桃花潭一周,建筑并不很多,主要是东南隅的"池上草堂"和"舟而不游轩"以及池北的主厅"山光潭影厅"和"水榭碧光亭"。

池上草堂是园林主人赏荷读书之处,重建于光绪二年(1876年)。堂南向,共三楹两披,位于池之南岸。《池上篇》和《草堂记》同为唐代诗人白居易的晚年作品,寄托了作者退隐息躬的情怀,表达了封建士大夫悠闲自得的意趣。此处取名"池上草堂"实为追忆古人避世隐居之意,以他人之曲,抒己之胸臆。堂前略置湖石,配以桂花、天竹、芭蕉和杜鹃花坛,构成一幅幅精致秀美的小景。堂南有一楹联曰"池上春光早,丽日迟迟,天朗气清,惠风和畅;草堂霜气晴,轻风飒飒,水流花放,疏雨相过",描绘了秋霞圃春秋两季的秀丽景致。堂西有"三星石"置于与"丛桂轩"之间的庭院内。石峰共三座,为明代遗物,直立于绿荫丛中。乍看乃湖石鼎立,细观似老态龙钟的三位老者正在向游人拱手作揖。这三个"老寿星"分别取名为"福""禄""寿",是中国传统文化与园林赏石很好的结合。

舟而不游轩紧接草堂之东,隔过一个小水湾,东去便是湖石大假山。轩与池上草堂连为一体,形似船而不能游,故取名"舟而不游轩",俗称"旱舫"。"船头"采用湖石做船头自然式布置,这在我国古典园林轩舫中极为少见。另外,轩内还置有大镜一面,尽收北岸碧光亭和南山涉趣桥一带景物。从镜中看景物,真幻莫辨,境内之景与园内之景相映成趣,虚中有实,实中有虚,或藏或露,或浅或深,意境深远,是虚实对比和借景造园的极好范例。

桃花潭东北,隔水与湖石大假山相对,建有一座主厅,系赏山水景色之佳处,故名"山光潭影"。此厅是秋霞圃中极为别致的一座主要建筑,其形制为四面厅,又名"碧梧轩",取杜甫《秋兴》诗中"香稻啄余鹦鹉粒,碧梧栖老凤凰枝"。原轩额匾已失,今由胡厥文题额"山光潭影",悬于厅内正位。另一匾为"静观自得",乃著名建筑家杨廷宝先生所题。厅前有宽敞的石台临池,筑石栏,两棵盘槐枝繁叶茂,都已有百年历史。在这临水大月台上,可坐赏假山、小溪、曲桥、花树,远近景物全汇集眼前。厅后东侧有"枕流漱石轩",向北临池,设有一道鹅颈靠栏,正好闲坐欣赏池北金氏园中景色。从四面厅向东南沿池岸穿过桃花潭上的三曲石桥"曲绿仙桥",就可来到临池峭壁下,此为游赏山水景色的最佳路线。

山光潭影厅西侧的池水上,建有一座水榭"碧光亭",亭内赏

碧光亭后

景，最被人称道的是赏南山之美。坐在厅内隔水观望南山，果然山容水色非同一般。远处，池岸之上，怪石嶙峋；近处，莲叶之下，游鱼唼喋；入夜，月色如水，水色如月，是一处观水赏月的佳处。

从碧光亭沿着池岸西行，一边是粼粼清波，一边是松林石山，走到尽头，有一座丛桂小轩。这一小筑是桃花潭西边的收头，坐轩内向东望去，桃花潭水平似镜，岸上丛桂飘香，南侧岸边又见池上草堂的倩影。至此，绕池一周正好游园一周，造园者匠心独运，令人回味无穷。倘若秋季来游，疏雨方过，丹桂飘香，红枫蒸蔚，辉映流霞，不正合园名"秋霞圃"吗？

秋霞圃在建园构思上，大处着眼，小处着手，南北池壁石矶之着意堆叠，亭轩曲桥之对应设置，皆为精彩妙笔，实为明人佳作。园林专家陈从周先生评曰：秋霞圃与江南许多文人园林相比，在规划布局上"仍属上选"，当虔心揣摩，领悟其精妙。

24 古猗园

古猗园位于上海市西北郊的嘉定区南翔镇,是上海最古老的名胜之一,也是江南名园之一。

古猗园始建于明代嘉靖年间,原名"猗园",取自《诗经·卫风·淇奥》中"瞻彼淇奥,绿竹猗猗"。猗,具美盛貌意。园为河南通判闵士籍所建,由嘉定竹刻大家朱三松精心设计,在"十亩之园"中遍植绿竹,在亭台楼阁上刻画竹之千姿百态。这一风景沿袭至今,成为古猗园的一大特色。至清乾隆十一年(1746年),由叶锦重新修筑,改名为"古猗园"。抗战时,大部分园景遭到日本战机轰炸毁坏,几乎成为废墟。1958年修复时,古猗园面积从原来的二十余亩扩充到九十多亩,随着近年的不断扩大,目前其面积已达一百四十六亩(约合9.3公顷)。

古猗园作为曾经的私家园林,其原构主体部分位于目前全园的西北部,面积约二十亩。园子最初经营以"戏鹅池"为中心,水之西、东、南各筑以小丘,山坡上种满了竹子。池西北部环以厅堂,东部梅花厅以连廊与西北部建筑群相连,形成环抱,将南部的山水纳入怀中。整体布局紧凑,山丘不高,但竹林葱郁;厅堂不大,但错落

缺角亭藻井

有致、空间丰富,正所谓"十亩之园,五亩之宅;有竹千竿,有水一
池"。主要厅堂"逸野堂"位于池西,坐西向东,四面通敞。堂前栽
有古盘龙槐,已有五百年树龄,虬枝盘曲,古意盎然。花坛里更有百
年牡丹,每当春日"谷雨三朝看牡丹,万绿丛中一片红",着实为名
园生色。逸野堂边小山丘称"小云兜",诗人施嘉会在《猗园怀古》
中形容为"危峰突兀列西东,楼阁参差夕照中","竹树阴森罨四隅,
碧池潋滟长青芜"。伫立堂中东望,沿水面纵深,堂前有一亭、一舫
作为前景、中景,远处低矮小山是翠绿的背景,整个画面有国画中深
远之意。园中水池名戏鹅池,水边一舫名为"不系舟",舫为石船,
当然无缆可系,也不能泛浮水中。"不系舟"之名,寄托了古代文人
追求自由明快的生活,期望自己有朝一日如水中无系之轻舟,不拘
于俗世凡尘的羁绊。

　　不系舟的北部原有一群小规模的厅堂院落,想是园主人原来吟
诗作画、会友呷茶的宜人空间,毁于战火后,现在重构的"柳带轩"

和"春藻堂"，是全园最北部的建筑。向东有"微音阁"建于1947年，由当时进步的"微音社"募捐建造。微音阁再向南，便来到"梅花厅"。梅花厅西南植有古梅数十枝，厅堂前铺地也是花形的，每到冬末早春，梅花香飘四溢，萦绕不散，是沪上著名的赏梅佳处。门上有陈从周先生"池馆清幽多逸趣，梅花冷处得遍香"的楹联，充分起到了景点点题的作用。

"古猗"之名取自古人咏竹，而竹子枝干高直，腹空有节，有宁折不弯的坚韧，且形态潇洒，因而古人把竹子这些特性看作做人的榜样，象征高傲而洁身自好。竹子又是极好的生产、生活用料，江南处处有竹，深得人们喜爱，嘉定南翔又兴盛竹刻艺术，出了著名的竹刻艺人。古猗园就做足了竹的文章，园里收集了各种不同品种的竹子，有方竹、紫竹、佛肚竹、罗汉竹、龟甲竹、凤尾竹、湘妃竹、金镶碧竹、小琴丝竹，等等。近年来，古猗园也常举行竹文化的旅游节庆活动。

园子南部山林取名"竹枝山"，是全园的最高处。山上原来植青竹千竿，景色天然，其影倒映于戏鹅池中，成天然画屏，现山上建一亭，登亭可遍览全园景色。此亭建时正是"九一八"东北沦陷后，当地爱国志士特将亭子一角拆缺，其余三处则以紧握的拳头替代柔美的戗角，警示众人勿忘国耻。

竹枝山以南是近年来开筑的"鸳鸯湖"，水面宽广，水路迂回，水中有岛，岸边有轩。这部分园林很好地适应了作为现代公共园林的功能需要，空间尺度较大，活动场地多，但设计中还是运用中国传统私家园林曲径通幽、山重水复的布局理念。另外值得一提的是园中存有两座唐代经幢，可谓是镇园之宝。当代的管园人还在园子的松林中养了丹顶鹤，不时的鹤舞翩翩，还真映出了古人"梅妻鹤子"的多情想象。

纵看古猗园风格古朴，素雅无华，其景色清淡，小丘起伏，鹅池曲水,建筑洗练;其竹林浓密,古木交柯,花石曲径,花木扶疏,切合古猗绿竹之意。新园相辅,未成喧宾,着重绿化布置,没有大肆修筑楼阁,移来几幢古建,倒也相得益彰。

　　作为私家园林的那部分老园林,静静地与现在公共园林相伴。走出园子回首思量,古猗园真是新景旧貌,古意今吟,绿篁摇曳,春梅透香,应是上海这座现代大都市的新宠和旧藏。

唐代经幢

25 醉白池

醉白池坐落于上海市松江区人民南路。清初画家顾大申建醉白池于明代一残园旧址上，因主人仰慕白居易的风雅，故效法北宋宰相韩琦筑"醉白堂"的故事，取园名为"醉白池"，表现他希望自己如白居易般饮酒作诗醉卧于此之意。明清时代，松江人文荟萃，出了董其昌这样显赫的一代宗师，私家园林更盛极一时，但留存至今的仅醉白池一处了。旧园面积仅十六亩，1959年扩建以来全园增至七十八亩（5.2公顷）。新园多草地疏林，空间尺度都比较适应现代公共园林的活动需求。旧园以一道长长的粉墙与新园隔开，是全园的精华所在。

旧园原来的园门在东面，现在走的是新开的园门。入园门便是一个四方的院落，厅堂名"雪海堂"，五开间。堂前一方形"睡莲池"，四周有石栏杆，院落四周都以白围墙与外界相隔。沿墙种植梅、兰、竹"岁寒三友"，文雅静谧，有书院的味道。从月洞门进到另一庭院，再从曲廊前行，便觉空间豁然开敞，一泓池水居中，水边布置有厅堂亭榭、松柏桂樟。这一池水便是"醉白池"了，点题的匾额便悬挂在池北跨水而建的"池上草堂"上。此建筑始建于清宣统元

雪海堂

年（1909年），是花园的中心建筑，堂边有一株树冠硕大、枝茂挺拔、有三百年树龄的香樟。

　　池上草堂边是四面厅，这是明万历年间著名书画家董其昌泼墨畅吟之处，别名"柱颊山房"，又名"乐园"。董其昌在此书屏："堂敞四面，面池背石，轩豁爽恺，前有广庭，乔柯丛筱，映带左右，临世濯足，希古振缨。"池上草堂门前柱上有对联"百年兴废池为鉴，异代风流石可扪"，道出了此园的历史悠久。董其昌是松江华亭人，官至礼部尚书，是中国明清画坛的一代宗师，园中特修一院，内置其像以兹纪念。

　　园南墙上嵌有三十幅石刻画像，名《云间邦彦图》，是清乾隆年间松江画家徐璋的作品，画有从元至清初松江府的贤士名人九十一位。画像面部浑厚有立体感，神采飞扬，栩栩如生。这些像中人是激励松江子弟奋发上进的楷模。

　　水池四周亭廊布局疏朗，除大树巨木外绝少假山花草，较为简朴明快。池水清冽,游鱼可数,是品茗、闲坐的绝佳去处。池西有小溪流至厅房之北,四面厅和池上草堂成一线布局,其北老树围合又成一院落,有老屋新修,名"乐天轩",原是宋元祐六年(1091年)进士朱士纯筑的谷阳园"文澜堂"旧址。"乐天轩"是对白居易崇拜而得名,几经修葺,得以保存,是上海最古老的建筑之一。轩旁丛竹掩映,松林苍翠,怪石嶙峋;屋后古银杏、古榉树参天遮日,屋前小桥流水,呈现一派古意。轩南有一座仿船式样的旱船小轩名"疑舫",是董其昌题额。立柱上也是董其昌自撰的对联"苍松奇柏窥颜色,秋来春山见性情"。船屋环境清雅,两侧舷窗均做靠栏,可俯池采莲,凭靠赏景。

园中原嵌于四面厅及疑舫和中心池四周长廊上有元代著名书法家赵孟頫所书苏东坡《赤壁赋》,"文革"中有好心人藏匿于"宝成楼"的夹墙中才幸免遭毁,现又取出重嵌于园内墙上,是存世稀品,吸引着众多的游客观赏。

湖中石栈道

古石刻"十鹿九回头"

与醉白池旧园相连通，近年来新修了"玉兰园"和"赏鹿园"。玉兰园小巧玲珑，婷婷玉兰，布置得倒也得体；赏鹿园的名称则取自春秋时期吴王射鹿的故事，也使人记住了松江府"茸城"的别名。园中还藏有一块"十鹿九回头"的石刻，刻于何时无考，按其刀法，当在明代以前。原石最早嵌于县城普照寺前石桥旁石壁上，拆桥后被移旁处，1950年搬此。石刻中以鹿喻人，含叶落归根之意，甚得人们喜爱。

醉白池旧园虽不大，但古树参天，古木众多，建筑的样式、庭院的布局都能使人产生强烈的怀古情愫。

26 小莲庄

　　小莲庄坐落于浙江湖州市南浔镇南鹧鸪溪畔万古桥西，是南浔当地仅存的一座规模较为完整的私家园林。小莲庄虽建造年代并不十分久远，但其以江南古典园林格局为基调，参照了当时流行的西式风格，是一个在建筑上中西合璧，有着自己鲜明特色的江南私家园林。1984年4月被列为浙江省重点文物保护单位，2001年被列为全国重点文物保护单位。

　　清光绪年间南浔首富刘镛在自己的家乡构建宅第和花园小莲庄。庄园始建于光绪十一年（1885年），中经刘镛之子刘锦藻的规划经营，最后由其长孙著名藏书家刘承干于1924年建成，前后凡四十年。园占地二十七亩（1.8公顷），其中水面近十亩，遍植荷花。因慕元末大书画家赵孟頫建于湖州的"莲花庄"，故名"小莲庄"。

　　南浔镇自明清起便由于当地丝织业的高度发达而兴盛，多有巨贾达官、文人雅士在此择地建宅。据《江南园林志》记载，自明以来，南浔一镇就曾有过五座颇具规模的私家园林，其雄厚的经济基础、开放的社会风气和文化底蕴，造就了小莲庄园林中西合璧的风格。

碑廊

　　小莲庄由刘氏家庙、义庄和园林三部分组成。园林分为内外两部分，构思精妙，匠心独具，各处建筑分别成景，景与景之间，具界不界，似隔不隔。外园以荷花池为中心，池广十亩，原称"挂瓢池"。每当夏日，荷花满池，幽香清远，正合园名。池南可见一座清水红砖砌就的小楼"东升阁"，是融欧式楼房和中式宝塔于一体的建筑。登阁凭栏，全园美景尽收眼底。池西入口沿水边有一碑刻长廊，长廊壁间嵌置书条石四十五方，为刘锦藻四处搜寻而来，于光绪二十一年（1895年）嵌此廊壁。其中有袁标、赵翼、阮元等著名文人学者的诗文手迹，其中有一幅是"宰相刘罗锅"刘墉所书。整条碑廊真、草、隶、篆各体皆备，书艺高超，文采风流，刻工精绝，还有多名日本学者题跋，堪称史料与艺术价值兼备。

　　碑廊东筑有四面厅，名为"净香诗窟"。净香诗窟建筑结构最精妙处是厅内设有两座天花藻井，一为升状，一为斗状，故又俗称"升斗厅"。这别具一格的构造，为海内孤本。这里是主人邀集文人雅士临水赏荷、把酒吟诗之处。绕池水向东有"养新德斋"和"退修小榭"。退修小榭建于光绪二十三年(1897年),设计精妙独特,平面呈凹字形,使之扩大了与荷池的交界面,成为品茗赏荷之绝佳处。厅后有暗廊,与两侧曲廊相连,有柳暗花明之意趣,又避免厅内受人行之扰,为江南小榭建筑所罕见。从这里观池北柳堤疏影,可见一座西式红砖门楼隐于一派翠竹丛中。

再绕池往东,经五曲桥畔便来到内园。内园位于花园东南角,以一座太湖石所叠砌的假山为主,北有高墙与外园相隔。山上遍植青松红枫,山巅筑一小亭,名曰"放鹤亭"。山下幽洞森然,石级小径曲折其间,亭榭错落于绿树丛中,虽布置简单,却也不失幽趣。

刘氏家庙位于花园西侧。家庙共三进,分别为门厅、大厅与后厅。门前一对蹲坐的石狮子,镂刻精致,憨态可掬。院外矗立着两座南北相对的牌坊,一为"贞节",一为"乐善",均建于清光绪年间。家庙西旁是义庄,共有两进,前为平房,后为楼房,因在后院天井中有两棵桂花树,又名"桂花厅"。如今这里成为顾叔苹奖学金成就展览馆,供游人参观。顾叔苹奖学金设立于1939年,是民间赞助形式的奖学金,这也显示出当地人鼓励好学上进的传统和崇尚慈善的社会风气。

步出小莲庄花园,一定

西式园门

要到紧邻的"嘉业堂"藏书楼看看。作为清末江南三座藏书楼之一的嘉业堂闻名遐迩，是由小莲庄第一代主人刘镛的长孙刘承干一手建立起来的。鼎盛时期嘉业堂藏书楼藏有各类古籍近六十万卷，为中国历代私人藏书楼之冠。嘉业堂不但收藏有大量珍贵的宋元精椠和明清善本，还有大量的珍贵稿本、抄本。厚重的文化氛围，浸润着小莲庄，也感染了南浔古镇，使来到这里的人们为其倾倒。

小莲庄虽然静隐在小镇之中，但重教尊儒的生活态度使其并不缺少传统私家园林的风韵和气质。同时，由其建造年代和主人的学养所体现出来的对西方文化的认可，在某种意义上也是对中国传统园林引入西洋建筑风格的一次成功尝试。西式小楼的红砖为冷色调的中式园林平添了几分清新快乐的暖色。

嘉业堂内景

27 西塘西园

西园旧址在浙江嘉善西塘古镇西街计家弄内,本系明代朱氏别业,是当地最大的私家花园。园内有树木、花草、假山、亭池之胜,在当时可谓镇上风景幽美之处。那时园内还有八景,即"小山醉雪""曲槛回风""盆沼游鱼""古树啼禽""疏帘花影""中堂皓月""西园晚翠""邻圃来青"。后来的园主姓柯,连续几代文人辈出,为西园留下了许多诗作,如柯万源著有《延绿草堂赋稿》诗文集,柯鸿达著有《稻香阁诗稿》,柯汝锷著有《梦池草诗稿》,等等。

后来西园又被出让给孙氏。民国初,孙氏将园借给其亲戚余三开茶室。因其东侧假山上有白皮松一株,高逾数丈,风来飒飒有声,故名茶室为"听涛轩"。当时游者多为文人墨客,来此饮茶、猜谜、吟诗、对联,曾有一番风韵。后又增设照相馆,借园内景色拍照。1920年春,吴江柳亚子偕同陈巢南来西塘,与镇上文友余十眉、蔡韶声、陈觉殊等在该园吟叙合影,仿北宋著名书法家米芾、诗人黄庭坚的"西园雅集图",将照片题名为"西园雅集第二图"。1925年镇上"胥社"成立时,第一次雅集也借此园为吟赏之所。后孙氏将园内房屋及树石等物出售,园遂废。后人民政府在其原址建楼房,办

正门入口

起了幼儿园。

以上为人们所说的老西园，它今天实际上已不存在了。现在西塘镇上有两个"西园"，即"大西园"和"小西园"。

1990年3月，为纪念爱国诗人柳亚子先生昔日西塘之行，以"西园"命名修建公园，是所谓"大西园"。园于1990年11月动工兴建，1991年10月竣工，总面积1.1公顷。入园处小桥流水，石狮门厅，园内环绕砖砌花格游廊、水榭、曲桥、假山、凉亭、人工瀑布。南端有接待室、小卖部和茶室，茶室名"亚庐"。西园有大草坪，绿草如茵，可供游客坐卧小憩。为纪念老一辈革命家陈云解放前曾两次来西塘，在园的北边另辟一景点，名为"留云居"。

"小西园"者，即近年新辟为景点的位于苏家弄的西园，也就是经过设计改造和扩建的部分。其北部原为两进民居，第一进原为布庄，临街的门面上还有字迹可辨。第二进已毁，现为二层砖混住宅，风貌极不协调。西园的入口在苏家弄中部，入园后向南，有曲廊连通南部厅堂经仪门、楼厅等，又与南面的民居建筑相通。其南部的民居现尚有人居住，原有建筑已被分割成数块，而被称作"园"者，仅有一池面积不大的水面以及一处低矮的小山、简单的种植等。

根据阮仪三教授主持所作的西塘古镇保护规划，要全面整修西园,以重现西塘西园江南私家园林的风采,为西塘古镇的旅游增加新的景点,丰富古镇的景观与文化内涵。阮仪三请古建筑教授李浈博士主持此事。他们认真分析了西园的情况:原有的园景单调空旷,缺乏吸引人的特色景观,建筑杂乱无章,水体假山平直呆板,也缺乏树木;全园没有统一风格,宅和园各不相干。原来的基础太差,所以在整修时就不是按一般的原样恢复重修的做法,而是重新立意,保护修复好西园周边的传统历史建筑;整治空间环境,将用地扩展,扩大其面积,以容纳与记载相符的历史景物,再现西园原来的景致,形成新的园林景观。

新的西园规划设计特别注意建筑与园林的有机组合,使宅中有园,园旁是宅。在造园时组织景区,重点采用叠山理水的手法,丰富园林景色;在花木培植方面,老树一律不动,新栽的树选好品种和

骑楼跨园外小弄

廊道曲折

姿态。

西园整修第一注重历史传统建筑全部保留。北部沿西街和苏家弄以西南的传统厅堂采用原样整修方法。南面三层建筑暂且保留，用假山、爬山廊和过街楼相接，以打破三层的大尺度，连通园子的东西两部分。拆除原有浴室、锅炉房等不协调建筑，留出空地作为新建园子用地。主要的厅堂选用了易地保护的一座明代厅堂，既保护了异地无法保护的古建筑，又丰富了本区的建筑景观和质量。

整个西园分为三大区，共六个相对独立的部分。北部沿西街，由东至西依次为扇面馆、百印馆，南社展区这三个部分构成文化展览区。中部为古典园林区，共有东西两片。南部为平川书画社展区。

厅堂中的文物展示，可视作古典园林区的重要部分。在园林区内，依据记载和传说，修复了西园八景。

园内以"醉雪亭"为中心，形成制高点，其下堆砌假山，内部设迷宫。园林内部以旱园为主，结合部分水体。限于地形，水体有面有线，并将假山组织成半岛状。北、南、西都隐其源头，使水面有无尽之意味。以古树、水榭和醉雪亭形成一种向心的拓扑关系。山与水你中有我，我中有你，互含互包，相生不息。

这个西园是老园新修，遵循旧制又有创意，原则上是保护历史建筑，再现历史景观，但也要结合现代需求。因为它已不再是私家所有的园林了，而要考虑到游客的观赏和使用。这是新与旧、历史与现实的一个和谐结合、相生交融的问题。

过去古人能造出许多优秀建筑和美丽的园林，主要是他们不为功利，不急于求成，精心构思，仔细琢磨。而我们现在做的东西，往往是有功利的要求，又要赶时间，马虎草率，急于成事，当然做不出好的东西来。阮仪三教授曾对西塘镇主事者提出要求：第一不要急，让设计者有充裕的时间设计，反复推敲，才会有好作品；第二要

扇面馆小轩穹顶

找有水平、有能力的施工建造单位，才能很好地贯彻设计意图。还要有个"七分主人，三分匠心"，这三分匠心很重要，叠石、铺地、凿池，都是靠工匠做出来的，没有好的师傅，好的石头也会摆反了。这次西园重修，确实不负众望，做得比较认真。整个西园工程的修复和新建费时半年余，为西塘古镇增添了一笔亮色。这是主事者、设计者和施工者三者配合默契的成功作品。

散论篇

01 苏州园林的文化意境

苏州园林有人称为文人园，有传统文化修养的、读过些古诗古文的人游起园来会更有兴致。因为这些园林的主人们都是"学富五车"之辈，造园就是因为他们既在城市里享受丰富的物质供应和服务，却又向往自然山林的闲情逸致，于是凿池堆山，营建亭榭，莳花植木，以自然山水为楷模，用种种造景手法构成引人入胜的景象而使游者得享美景并浮想联翩。

造园者们用亭台楼阁组成美好的景色，其中的构思匠心是否能被观赏者理解呢？中国传统文化中的题名、匾额、楹联就是景物与观赏者相通的语言。这些文字是在引导观赏者领悟、思考、联想。这些文字往往是经过斟酌吟唱、反复推敲，要求务必与周围的环境贴切而又有意境。这些文字蕴意深邃，字字珠玑，费心思索，回味无穷。例如取园名吧。"拙政园"，这是取自古人语"灌园鬻蔬以供朝夕之膳……此亦拙者之为政也"，意思是浇水种菜这样以求早晚有饭菜吃，这就是我们这些无所作为的人的工作了。其实它隐晦地表达了另一层含义：从政是拙笨的人干的事。"网师园"的意思是以网者为师，就是拜结网的渔夫为老师，一方面是说花园所在地是一片河湖

退思园菰雨生凉轩

水网地带,另一方面是说宁肯与渔夫樵子相交,而不愿与世俗中人来往。"退思园"则是"退而思之","留园"是"长留天地间"。

苏州园林中的一些厅堂亭台的题名有的不是直白的,要转个弯来思考,这是所谓的曲笔。如拙政园西部有一亭上挂的匾额是"与谁同坐轩",你若光从字面上去理解,以为是在说游园者是否结伴而来同赏美景,那就显得浅薄了。其实这里是引用了苏东坡的一句诗:"与谁同坐?明月,清风,我。"隐喻了自己不愿与凡夫俗子为伍的清高孤傲气质。再细细观赏这个亭轩是扇形亭,明喻了扇是招风的,亭前是一汪水池,明月可倒影入池,亭后有松树,暗喻了松涛之风。把亭名和亭景完美地结合在一起,真可令人联想翩翩。此亭西面有一建筑名为"留听阁",来自唐人"留得枯荷听雨声"之诗句,那是欣赏秋景之处。拙政园的主厅名为"远香堂",前面是荷花池，用的典故是周敦颐的《爱莲说》里的"出淤泥而不染，濯清涟而不妖……香远益清，亭亭净植"，这也是讲做人要清白、高洁。观赏园林就是在读诗文，园林美景是作诗的主体，而诗文又是景色的注释，正所谓景情交融。走在园中举目望去，步移景异，无处不是一首首、一篇篇耐读而又隽永的诗文。如"梧竹幽居"（拙政园）、"月到风来"（网师园）、"看松读画"（网师园）、"雪香云蔚"（拙政园）、"涵碧山房"（留园）、"林泉耆硕"（留园）、"菰雨生凉"（退思园）、"水殿风来"（狮子林），如果头脑里有点古诗旧存，便可添加许多咀嚼回味。还有园林中的廊道、门额，一些砖刻、石舫，如"网师小筑""枕波双隐""长留天地间"，以至"曲溪""印月""听香""读画"，无不内涵丰富，意境高雅。这些匾额起了点景作用。

　　陈从周先生称苏州园林为"文人园"，因它是饶有书卷气的园林艺术，这些园林原是文人兴致所致。诗文兴情以造园，园中必然有读书的书斋，有吟诗品文之吟馆，有挥毫涂墨之画轩，所谓"诗中有画，画中有诗"，处处皆有景，无处不入画。入园中无论摄影录像、写生作画、拍电影拍电视等，都能够取得最佳的镜头。苏州园林中还常常设有顾曲之处，即可以拍唱昆曲、评弹，演奏江南丝竹之处。小榭曲廊中，漪漾水池旁，随风传来美妙的音律，会使园中游人疑为仙乐而陶

耦园之名联

醉。昆曲名家俞振飞和其父粟庐老人曾选中拙政园的"卅六鸳鸯馆"和网师园的"濯缨水阁",与吴中曲友同演于此。"曲与园境含而情契"(陈从周语),至今仍传为佳话。

　　苏州园林凝聚了中国古代文学与艺术的结晶,研究中国园林要懂得一些中国的古诗文,没有点唐诗宋词底子难以了解苏州园林的精髓。苏州的园林是要细品的。如果你怀着品赏的心情走进苏州的园林,一种浓郁的诗情画意便会在你心中油然而生。戏文里常常有"落难公子遇小姐,私订终身后花园"的情节,正因为在后花园里有美妙风景,触景生情,自会怦然心动,情不自禁了。景能生情,情能生文,抒发心声,情景交融,文心相通,这便是游园者与古代造园者超越时空的交流。

寄畅园乾隆题词

⬡ 02 园林纷呈各有特色

　　苏州古城内外现在已经开放的园林有近二十个，被列入《世界遗产名录》的就有九个。据童寯先生撰写的《江南园林志》，在清代盛时苏州拥有一百三十多个园子。这么多的花园争奇斗艳但又各有特色。有人到苏州去游览，说是我一天游了三个园、四个园，还相互比多；也常听见有人说看这些园林都差不多，都是些水池、假山、亭子、廊子，看了一两个就知道了。这些人都太肤浅了，把欣赏园林当作逛商店。不懂造园艺术和其中的精彩之处而游园，是种浪费。当然，也无法要求所有人都能看明白这些世界建筑艺术的珍品。

　　苏州的园林各有特点。在造园之前，都要周密地计划，认真地勘察地形，度地审势；都要精心设计，做出一些构想，就像写文章、作画要立意，要擘画，然后布局经营。一些名园都有名士参与，像文徵明就帮助规划了拙政园还留下了手植藤为印证。一些园子中有古柏有老树，都是原来地基上就有的，然后很好地组织到花园的景色之中。那时还不像现在这样可以随意挪动古树，当时技术上做不到，在理念上也不允许。那种任意搬迁古树的做法，在当时被认为

个园假山

是暴殄天物,是不能干的。由于地形的高下、河池的大小、面积和财力,更由于园主和谋划者的构思,因而有了大不相同的景色。每个花园也讲究自己的特点与格调,以下分别简述之。

拙政园:水面开阔,布局疏朗,最佳是中部的山亭和湖榭的对景、借景手法精妙。大池小院分景疏密有间,小处见大、化整为零的布局精湛。

留园:景色分园池、楼阁、山林和村田等区,楼阁区最有特点,门户重叠,收合转折,空间变幻,布局独特,有名石"冠云峰"而成殊景。

网师园:是"苏州园林之小园极则"(陈从周语),环池叠石高下参差,环池筑屋,玲珑舒展,别院小巧,咫尺山林。

环秀山庄:主景为明代名师戈裕良所叠假山,山石布局有深山远水意境,峰、崖、涧、谷宛自天开,曲廊透迤,通阁临风,幽雅恬静。

狮子林:以假山最著名,洞壑盘桓,回环曲折,厅堂楼阁装饰宏丽,长廊高低起伏,庭院清雅。

沧浪亭:是苏州历史最悠久的园林,始于北宋。一条复廊将园内之山和园外之水既分又连,有老树参天,山石嶙峋,古朴而具野趣。

艺圃:是一处精致的小园。一池、一山、一榭为之景。榭挑池上,面阔五间,山石高峻,树木森郁,池水不显狭,山石不显低,房宽而空灵。"乳鱼亭"有明代遗风,彩画梁木原物留存,至为珍品。

耦园:东西两园对偶成双,黄石叠山峭拔、自然、逼真,重楼复道曲廊迂回,装饰古雅。

退思园:外宅内园,临池小桥,厅房石舫,均贴近水面,陈从周师称之为贴水园,小而精致,以少胜多。

各个园林各有各的精妙之处,陈从周师曾和我等说:看拙政园、留园犹如品尝扬州的名点五丁大包,吃时要细细品尝,才能分

环秀山庄

得出这是鸡丁、肉丁、笋丁、虾仁和香菇丁，这样才吃得出味道来。这两个大园是丰富多彩的，每处都好，就像五丁大包每一丁仁都是精品；而网师园则像苏州的名点汤包，一个小小汤包外不露相，一口含到嘴里，鲜美的肉馅和汤汁全包在其中，油汪汪、香喷喷，回味无穷。你不懂名点就不会细细品味，狼吞虎咽，吃了也不辨滋味，糟蹋了这些美点。看园林也是同样的道理。有人说这些比喻很俗气，"文化大革命"中还被批判过，但我觉得是入木三分。陈师还以古人的诗词喻苏州诸园："网师园如晏小山词，清新不落俗套；留园如吴梦窗词，七宝楼台，拆下不成片段；而拙政园中部空灵处如闲云野鹤，去来无踪，则姜白石之词了。沧浪亭有若宋诗，怡园仿佛清词，皆能从其境界中揣摩得知。"懂得古诗词的人，就能领略其中的奥妙了。

苏州这些园林各有其长各有其异，建造时反复揣摩标新立异，故能各具特色而独步天下。清代同治、道光以后吴门画风崇尚模拟，造园也受其影响。此时修筑的怡园，意欲集吴中诸园之长，遂将沧浪亭最精彩的复廊移来园中，留园的可亭照样搬了过来，假山是模仿环秀山庄，曲桥学狮子林，旱船仿拙政园的香洲，殊不知各园原有景物一处有一处的环境，其大小、比例、造型均有其自在的景观，本想集萃于一园，其实难取得理想的效果。虽然怡园还是一座不错的园林,但这些名园的精彩到了这里却也发挥不出来了。现在有些地方造花园也常常照搬,更不好的是搬不像,建个亭子不是顶太大就是太小,比例不对,造不成美景。如此等等而成败笔,我在一些历史古城中都曾见到,更不敢问是什么人做的了。

沧浪亭观鱼处

03 拙政园的"造景"

　　苏州园林的水池、山丘、亭台、楼阁,布置得极为精妙,是经过了几代有深厚文化修养的园林主人和一些名匠大师多少年来的反复推敲,多次地修改重筑,才成为世界建筑艺术的精品。全不像现在有些新造的仿古园林,挖一口池塘,堆一座假山,建几个亭子,以为就是风景了,就成为园林了。

　　苏州的这些园子,是造园家们通过布设各种园林元素,刻意地创造一种美好的景致,这就是"造景"。拙政园中部的造景是做得最好的。它在全园的中心,利用原来自然的溪池,形成一片长长的又四处连通的水面。池的北面堆了两座小山,南面是整齐而又自然伸展的岸壁。水池是长长的,从东面向西看,园外北寺塔巍峨高峻的身姿耸立。眼前美丽的花池绿树和远处的高塔是一种景色的对比,而高高的塔身恰好又倒映在水池之中,这是借景的妙笔。

　　在水池的四周,山上、岸边、池端、廊道都建有各式小亭,这些亭子和周围的环境组成一个个画面,又都是按着造景的要求,造成了一组组对景。每一个亭子正对着另一个亭子,在空间布局上是对峙的,在景观上是对视的,在外形上是相仿的:方亭对方亭,长方亭

枇杷园

对长方亭,六角亭对六角亭,但细细观察又各有特点。亭子的屋顶
做法就有不同。如"雪香云蔚亭"对着"远香堂",都是长方形歇山
屋顶,但一是有竖脊的,一是无脊卷棚;水池东端的"梧竹幽居"方
亭配以圆形的门框,四面都是月洞门,而在远远的对面,水池西端
的"别有洞天"也是方亭圆形门,却是一个墙壁加厚了的深月洞门,
"梧竹幽居"和"别有洞天"是四个圆洞对一个圆洞。这些亭子从
其题名额匾和周围种植的树木花卉也可看出造园者的匠心。"雪香
云蔚"——植梅,春景;"荷风四面"——植莲,夏景;"待霜"——
植枫,秋景;"绣绮"——植腊梅,冬景。这就是四季景色的对应。

　　"香洲"是旱舫,隔河相对的是"倚玉轩",两房相对,香洲船舱
内装有一面大镜子,将对岸的景色映现出来;沿路走过去是"得真
亭",亭内正面壁上镶有整片的镜子,使走过的游客都会造成幻觉,
以为前面还有一片深邃的花园。这里都是运用的幻景手法。

在拙政园的水池东南面是一组院落，把大空间划分成一组小空间，用房、廊、墙相互分隔成不同的景致，而这些院落又是连通的，组成封闭安静而又有意境的景色。这里有"海棠春坞"观花弹琴，"听雨轩"纳凉赏雨，"玲珑馆""嘉实亭"尝果看竹。而往西另一侧的"玉兰堂"、"志清意远"以及"小沧浪"，那是品茗待客的地方。整个园林是大园和小院的对比，是用开敞和隐蔽的对比，组成不同的景区。

拙政园的创始者及后人们，在布局设景、渐次整饬中用对景、借景、幻景、造景等手法创造了堪称经典的园林风光。

高低错落轩亭阁

04 留园的建筑布局

　　苏州园林的布局讲究含而不露，不像欧洲花园那样一览无余地展现它的规模与气派。到任何一个苏州私家园林去，都是用欲扬先抑和渐入佳境的布局手法，给每一位入园者有个期待和新奇的感觉。这一点留园做得尤为精彩。入园门后，一条窄暗的巷道，逼仄的空间，让游者的心先收缩一下。行十数步，一个小天井，几株竹枝，再走几步，一个大天井，一棵桂树，一个小方厅，暗示你前面有景。抬头有一方门额"长留天地间"点出园名，弄堂的尽头迎面却是一大片相连的花格漏窗，你可以隐隐约约看到花园水池，又不让你看清楚，把期待的心境提升到极致。然后按游园路线分左右两条。左是直接到花园，右是经过门到茶厅（五峰仙馆）到宴厅（鸳鸯厅），花园的景色一处与一处不同，厅堂布局一个比一个华丽，真是佳境渐渐入，眼目处处新了。

　　留园是苏州园林中建筑布局最有特点的。它的楼阁重叠、装饰精良，建筑和庭院的空间组合最为精妙，而这些建筑布局和空间组合，不是玩弄技巧、故弄玄虚而有其实用的功能要求。

　　请看，最华贵的楠木厅（柱子梁架都是用名贵的楠木为材）名

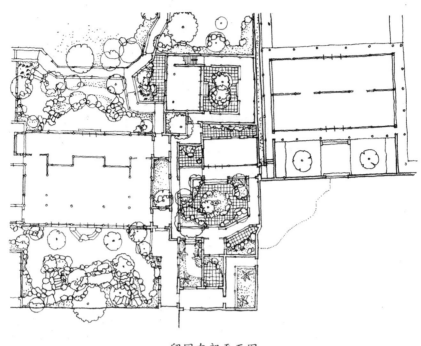

留园东部平面图

为"五峰仙馆",是因前面的庭院里有五座假山峰石。这里是接待客人饮茶的场所。再向东是全园的主厅鸳鸯厅,这是因为用雕花门罩将整个厅堂分隔为南、北两个部分,两部分的屋架一用圆形梁木,一用扁形梁木,两种不同的样式。古代男女有别,南面是宴请男宾,北边是招待女宾,故称为鸳鸯厅。在茶厅(五峰仙馆)与宴厅(鸳鸯厅)之间有一组庭院,这是留园空间设计最成功的部分。在宽十五米、长三十七米的用地范围内,分隔成十五个空间,有花坛假山,有峰石丛竹,有敞廊小亭,有书房楼阁。题名的就有"鹤所"、"石林小屋"、"静中观"、"揖峰轩"和"还我读书斋"。用廊子、漏窗、短墙、围栏相隔,又通过这些透空的窗洞、敞开的围廊、低矮的栏杆形成一处处既独自成院又相互连通的空间。这是用作大型宴会前陆续到来的客人暂时歇息的地方。客人们可以在这里闲坐、交谈、下棋、听琴、阅书、赏花、品茗、嬉戏。客人中的老者、青年、女眷、儿童都可以分别找到属于自己的场所，都可以寻到自己的乐趣。这就避免了等候宴会时的无聊与嘈杂。当餐食准备好，主人、客人到齐，一声招呼都能听见，又不致造成四处找寻的尴尬。

这一组庭院的建筑小品，恰是两个豪华厅堂的过渡和丰富，是造园者的独到匠心。这些庭院的小景，都是经过细细推敲的精致佳作，如"竹林小筑"的方窗洞后的孤石藤蔓，是背光下的剪影；"鹤所"天井内芭蕉叶碧绿欲滴，白粉墙恰似一纸衬托。高墙小门内潜藏着静谧的读书处所，四处通廊可以信步漫游，观景闲聊，大小假山是孩童捉迷藏的天地……留园的造园家把空间拿捏得如此纯熟，你可以在这里细细地品味，慢慢地欣赏。我曾多次带建筑系的学生们到那里学习，不讲不知道，讲通以后，学生们也看懂了其中奥妙，个个都会去反复揣摩，真的是流连忘返了。

鹤所内景

05 网师园布局和明轩佳话

苏州园林内部布局除了造成很好的风景之外，还非常讲究它的实用功能。花园不仅是赏景的，也要派各种用途，如待客、会友、品茗、读书、吟诗、作画、弹琴、拍曲，一处有一处的用场。网师园虽然是一个小园，却布置得极有格局，连路线也分清主人、客人和仆人的不同。这是为讲究礼仪尊卑，满足不同的功能需要，也反映了造园人的周到用心。网师园东部是宅，西部是园。宅是门厅、轿厅、大厅、内厅共四进，在轿厅和大厅之间旁边有耳室，这是供账房先生或是教书先生用的。当客人进了门厅，仆人就会去请先生或塾师出来迎客，几句礼貌的问候，把客人的身份和来访的用意弄清楚了，就可吩咐仆人去内宅、内院禀告主人。仆人可从墙下笔直的石板路上跑到后宅去请问主人。这是一条上无遮挡、下无踏级、全院最直接的仆人专用小路。先生则引导客人到茶厅——"小山丛桂轩"小坐，稍事用茶。这里安静清雅，南面靠墙有壁山耸起，几株桂树；北窗后是一片黄石假山的山体，把园景阻挡。花园里的景色是看不到的，这给客人心里留出了更为期待的空间。就在这南面一片高墙里面，是一排整齐的房屋，一条廊道，一条窄长的天井。这是三间教

竹外一枝轩外眺

室，是家办的私塾。东西两端各有一个小房间称耳房，一间是老师休息室，一间是仆佣们的工作间，可烧水、看门、放置打扫器具。两个耳房把住了通向花园和门厅的出口，同时也可以管束来读书的学子们。书塾在花园中的位置和布局，似乎是不经意的，与花园不相干，其实是精心地考虑到教学活动的需要和儿童们的心理。从小山丛桂轩西行有柱廊名"樵枫径"，经过短廊，进得网师园的主景区大花池。站在"月到风来亭"上，整个花园景色尽收眼底。南面是"濯缨水阁"，这是戏台，可以在这里演戏奏琴，而池东西的亭廊都设有檐廊，坐栏和靠栏可以坐憩，有演出时则是观众席。更妙处在北面就是后楼宅居，这为女眷们观赏提供极大方便。在旧时男女有别，女子们是不可轻易抛头露面的，家里待客来了戏班子，这样的建筑布局使居家闺秀们也可以一饱眼福。

楼下的"集虚斋"和"竹外一枝轩"是供主人读书的书斋，近邻是全园主要的厅房"看松读画轩"。轩房前有三棵松树，一是白皮松，一是古柏，一是黑松，看的是真的松柏，读的是园内美妙的景致。这是主人待客的地方。

园池的西面是一个封闭的小院。墙边走廊连着两间厅房，是园主的画室，室名为"殿春簃"。院内花圃中栽种的是芍药花，开时洁白清香。春日花期以梅花为先,牡丹在后,芍药开花在春末,故称"殿春",以应暮春之景。簃为篱边小筑之意。二十世纪三十年代,张善孖、张大千兄弟曾居住在此,吟诗作画。善孖喜画虎,曾在院子里养了一只小老虎,可惜喂养不慎,病死了,就葬在花坛之下,张大千还题了字,留下一点纪念。这个小院后来被陈从周教授整个仿造移植到美国纽约大都会艺术博物馆。

说起这件事,还是早在1972年,当时美国总统尼克松访华,中美关系开始缓和,也有了民间的文化交流。美国纽约大都会艺术博物馆收集到一套明代家具,想有一个般配的展示场所,找到中国某个设计单位要设计一个园林式的展厅。有人就向他们建议要做成中国园林样式。于是去请教中国园林大师陈从周。陈先生说:"既然是明代的家具,就应该放在明代的花园里,我来给你们找一个正宗的明代花园,用不着费工夫去设计。你们这几件家具放到那样的花园里最合适不过了。"于是陈先生就带他们到苏州网师园,选定了网师园里的殿春簃这个院落。这些美国人看到这个精致的明代园林,当然是欣然认可了。美国人怀疑现在的人能否造得出这样精巧的古建筑和园林,陈先生说根据我们的经验完全可以。美国人还是不敢相信。当时陈先生就决定先做个样子给他们看,商定第二年到苏州来看模型。

苏州市政府和陈先生选择在苏州北塔东路的东园内做一个足尺寸的殿春簃样品。要知道当时经过了"文化大革命",许多东西都破坏了,工人也散了,传统的老砖、老瓦也没人烧了,要重新开窑烧砖,单寻觅工匠就要花不少工夫的。但在大家的努力下,种种问题最后都解决了。第二年,美国人到苏州东园看到一座与网师园里一模一样的"殿春簃",都惊呆了,因为连明代家具也仿造得和他们所搜集的一模一样。美国人无比佩服中国工匠高超的技艺,当时就要求把这座样品拆下来搬到美国去。经过讨论,决定这个模型还是留在苏州,另外备料到美国重做一个。于是以陈先生为首的专家组和苏州的匠

殿春簃

师们涉洋过海,把中国园林造到了美国,开创了中国园林出口之先河。

陈先生把这个搬到美国去的网师园殿春簃小花园命名为"明轩",意思是明代的小轩。

现在纽约大都会艺术博物馆前厅二楼中国馆的后部,一个不大的门洞,门框上有篆字"探幽",走进去就是从苏州移植过来的明轩。这座花园我是非常熟悉的,造在美国的博物馆内尤为称奇。进得园中,只见一石一木布局极其精巧,泥木工艺也极其精湛。花台在前,石阶数步,庭院不广,小池一泓,游鱼可数,孤石数块,玲珑剔透,小亭半座,适得其所。房榀共三间,白粉墙,方砖地,长窗隔扇,分为室内外。屋内漏窗亦成景色,仿照苏州原样,窗外可见一丛修竹,一块顽石,几株芭蕉翠绿欲滴,纯是自然图画。室内家具均是真正明代遗物,靠椅条几,书屏床榻,两架书柜,乌黑油光,包浆深沉,更见其珍稀。

此园中参观者川流不息。在此可以让异域人士领略中国园林之风采,了解中华文化之精髓,更彰显了陈从周大师的眼光和贡献。

06 莳花植木亦有情

园林里的花草树木是构成园林景色的重要要素,正如陈从周先生所说,苏州园林里的树木,"重姿态,不讲品种,和盆栽一样能入画。拙政园的枫杨,网师园的古柏,都是一园之胜,左右大局。如果把这些饶有画意的古木去了,一园景色顿减"。园林里许多植物与建筑物相互匹配而共同造成美景,许多亭、榭、楼、阁的命名都是和植物有关,如拙政园的"梧竹幽居"——梧桐和竹子,"海棠春坞"——海棠,"荷风四面亭""远香堂""留听阁"——荷花,"十八曼陀罗花馆"——山茶,网师园的"看松读画轩"——松,"殿春簃"——芍药,等等。

在园林意景上引用植物来陪衬渲染气氛,耦园的"城曲草堂"一副楹联"卧石听涛满衫松色,开门看雨一片蕉声",可谓既含蓄又明白地把屋前的松树、芭蕉的配景作用形容得淋漓尽致。而留园的"闻木樨香"——桂花,拙政园的"嘉实亭"——枇杷,"听雨轩"——芭蕉,则是转了个意。种这些植物是富有深意的。

中国人比较讲究比德文化,也就是民间所说的讨口彩,用谐音、比喻来达到人们美好的希望与祝愿。在宅院里第一进前厅,天井里种两株玉兰，意为"玉兰齐芳"，在第二进大厅里种两株桂花，但要一株白桂，一株黄桂，这是寓意"金银呈祥"；后厅一般居家就种松、竹、梅，这是"岁寒三友"，象征长寿、高雅。

苏州园林中莳花植木也讲究诗情画意。园林中多有水池，池中常植荷花等水生植物。荷花当然好看，但满满一池全是荷叶、荷花，会显得太壅塞。对此，古人早就有良法造成良景。在苏州园林中的水池植荷，池水

拙政园中柳枝拂香洲

下面都埋有陶缸，荷藕栽在缸里，它的根就不会四处蔓延，花、叶保持在所规划的水面，留出空水面以得涟波和倒影。现在有的花园水池里，满满当当全是荷花或浮萍，全无意味。水池边还要有"疏影横斜水清浅"姿态的树枝，墙边路旁植蒲草、麦冬草，以得"香草掩径"的意境。在白粉墙上或假山崖边，会栽种些许藤萝悬挂下来，无论日照绿影还是风吹藤动，都是一幅天然图画。

在苏州的园林中，树木除了重姿态也很讲究品种，讲究四时的景色，讲究有落叶和不落叶的树。很少用香樟、扁柏这些常绿树。这些树木树冠浓密，挡景遮荫，愈长愈大很难控制。冬日院子里需要满园阳光，用落叶树及稀疏的白皮松、古松等不会造成阴森的感觉。现在城市中风行种樟树，虽然常绿，但我想二十年后都成了大

怡园秋树

树，树冠把一切景色都遮住，密密实实的就会讨嫌了。

苏州园林中的古树，都是原来老地基上留存的，这在一些园记中说得很清楚。上海于二十世纪八十年代初在青浦造"大观园"时，到四郊农村移来一些古树、大树作为配景，取得立竿见影的效果。不料后来被一些急于求成者赞赏，四处宣传推广，以致全国掀起一股移大树的歪风。这实际上是破坏了当地的生态。许多大树移栽又不得法，搬死的很多。我亲耳听说有一个城市搬了一万株大树，基本上死光。这是作孽啊！后来造新园林，造城市广场，还是要到深山远村里去搬古树。有些人还说，那些经济落后的地方，这些古物留在野地里也没人问，我们是异地保存。听起来似乎有道理，其实这是强盗逻辑。这和斯坦因们到中国敦煌低价买壁画、偷文物弄到外国去不是一样的行为吗？移古树、搬古董之风使许多古树、大树断了胳膊缺了腿，斩头去尾地离开了原来的环境，这可不应该是造园的本意。

07 园林里的石峰

苏州园林里竖有一些孤石，这是中国古代特有的艺术欣赏品。它们是古人们所创造的抽象艺术雕塑，不过这个雕塑不是人工制作的，而是采自大自然的造化。

苏州园林是在城市中的构作，模仿自然的山林，"虽是人工，宛如天开"。截取山水一角，以享自然情趣。大自然很大，只得缩小比例而造就成"咫尺山林"，这是苏州园林的妙处。堆一座山，凿一个池，都是人工的作为。古人又想出搬一些天然的石头来点缀装饰园林。苏州地处太湖之滨，而太湖又出产天然美石，在苏州建造园林，要选石头，首选当然是太湖石峰。这些自然的石头来到了园林里，经过精心的布设，经过环境的美化，就成为重要的景物，造就了一处处特别的风景，成为主人们向往自然天地的化身了。主人们再把这些没有生命的石头，加以拟人化的、诗意的提升，于是这些假山石峰就更鲜活起来。古代著名书画家米芾就说过，园林里的太湖石美就美在四个字：瘦、漏、透、皱。

瘦，婀娜、苗条，是挺拔的风骨；漏，漏光、漏水、漏气，有通畅的脉络；透，灵活、别致，具透剔的意境；皱，水纹、风痕、衣褶，存细腻

狮子林石峰雾影

的肌理。这里虽然说的是石头的造型和特质,却明明是在形容一个美丽的婀娜多姿的仙女,是在描写一朵随风飘荡变幻的云气,眼前的这块顽石也就灵动起来了。真的,你仔细地去观赏那些石峰,读懂了石头上的题名,在不同的角度去欣赏,思绪就会跟着石头的造型、洞孔、纹理、体态飞腾起来。

留园里最著名的石峰叫"冠云峰",人们把它看成了美女头上的云鬟,佳人正在梳理镂空的发髻,对着水镜在顾影自怜。冠云峰是江南古典园林中太湖石峰中的绝品,也是宋代"花石纲"遗石中四大名石之首。史载宋徽宗在开封造艮岳,命朱缅广罗天下名石。官家派了人四处搜寻并组织专运花石的车船队伍,这就是"花石纲"。《水浒传》中青面兽杨志就是因为押运花石纲出事而被判刑,脸上被刺了字,后来又丢了"生辰纲",被逼上了梁山。当时苏州人为了逃避皇帝的暴敛,就将一些奇石藏起来,据说是沉到江河里,逃过了这个劫难。四大名石，一是冠云峰，一是瑞云峰（现存苏州第十中学，原苏州织造府衙门），一是玉玲珑峰（原在苏州，后被移到上海豫园内），一是绉云峰（在杭州西湖花圃）。

在留园的冠云峰前特地挖了水池，这样就有了倒影，石头上也有了水光。冠云峰左右竖立了陪衬的瑞云峰和岫云峰。这块名石布置在最主要的厅堂前面，园主人因为有这块造型别致、高大挺拔的石头而有资格孤傲，厅堂也就命名为"林泉耆硕之馆"（即俗称的鸳鸯厅）。冠云峰后面建一楼以作屏障，就命名为"冠云楼"。这里又有一块名石，正面墙上的匾额"仙苑停云"，隐喻地告诉你墙上镶嵌的一块乳黄色的大石板上面有二十几条游鱼和水草印痕。这是亿万年前的化石，真实的生命的记录。石头上留存的远古的历史，会引起你怎样的遐想？这些没有生命的坚硬的石块却蕴含着深邃美妙的故事。

中国古人对石头最富于联想了。女娲炼石补天，精卫衔石填海，法力无边的孙悟空是石头中蹦出来的，贾宝玉林黛玉的爱情故事也是以石头为引。许多词家、画家也要以石为名，如姜白石、齐白石、傅抱石……秉承中国古人爱石的传统，苏州园林里的假山石峰不仅是园景点缀，而且已成为园林文化的重要组成部分。无石不成园，已经是苏州古典园林的独特规则了。

耦园石笋

08 私家造小园

　　我国的古代园林，一开始主要是皇家园林。那是很大的规模，主要用来狩猎，所以叫囿、叫苑，用来养禽兽。秦始皇的"上林苑"有数百里的范围，著名的阿房宫就建在上林苑内。后经汉武帝扩建，"上林苑方三百里，苑中养百兽，天子秋冬射猎取之……群臣远方，各献名果异卉三千余种，以标奇异"（《三辅黄图》）。北宋汴京之艮岳"山周十余里，珍禽异兽，莫不毕集"，这是当朝皇帝集一国之力营造的大花园。因此在中国古代的文字里，一开始只有囿和圃表示园林。中国古文字是象形释义的，囿的意思是在围墙圈起的草木中豢养禽兽；圃是种菜的园子。这些园林都很大，但肯定是空旷而宏大。在甲骨文中未见有"园"字，以后"园"见于春秋时的金文和战国时的陶文。帝王既然广营离宫别墅供个人享乐，贵族富民也群起仿效。从汉至唐、宋，私园迭起。李格非《洛阳名园记》列述诸园，绝大部分属官宦富室，其园主多为清高的士大夫知识分子。由于这些名士寄情山水，啸傲引吟，形成风尚，于是山水园林应运而生。他们居城市享受繁华生活，又向往山林自然之趣，于是凿池堆山，植木莳花，追求理想中的景致。但他们又不具有帝王那么大的

古松园回廊

财力和物力,因此造些假的山,做些意象的景,运用了创造空间布置的手法,创造出"山重水复疑无路,柳暗花明又一村"的艺术景观。文人参与了园林的建造是中国私家园林的特色。

从中国古文字中"園"字的构成可知园亦是内向围合,但加入了山(土)、水或建筑(口)、树木(衣)等符号,园的本质仍是自然元素占主体。园林中的房屋不单纯是为了居住和生活需要,更是具有观赏价值和体验自然的作用。园林建筑除供居住的室、馆、斋以外,还有亭、台、楼、阁以及廊、榭等,这些建筑都不封闭,四向多有敞开,是为了让视线流通,为了让室内空间和周围环境相融。这完全是意象的需要,是高一层次的功能作用。

私家园林的重要特点是小中见大,大是指大环境、大自然,把有限的房屋、室内的小空间变成无限室外的大空间,是虚拟的自然,人工仿照的自然,但又不是简单的模仿,而是经过提炼的心目中的自然。这个"園"字就生动地说明了人工造了围墙,然后造了房子和山水，栽了树木花草。园，也以读音来说明与囿、苑是一类的事物。

江南的园林因为大多是私家建园，故不可能造得很大，即便是大园像留园、拙政园，范围也不广。原先这些宅园，是一家一户拥有，平时就是家里人活动，人数不会多，逢有节庆大宴宾客，人数也有限。但自从二十世纪五十年代以后，这些花园大都改变成公共的花园，成为公众休憩的场所，它们就显得过分狭小了。特别是一些著名的园子，一到节假日真是人满为患。假山上爬满了人，一些花草也都给踩死了，还出现过游人过分拥挤被挤落水池里的事故。游园游到这样的状况，园林也就没有什么趣味了。那时讲究所谓的群众观点，于是就想到了扩建，扩大范围以容纳更多的游人。苏州拙政园开辟了东园，上海豫园拓了东园，嘉定秋霞圃也扩大了北部的地盘。在这些扩大的园子里也凿池堆山，植木莳花，建屋造亭，蔚然成一花园。可惜的是这些新园虽然考虑了造景、植物的配置等，但总无法与老园相比，游客们多是一走而过，不屑一顾。地方是扩大了，却起不到分散游客的作用。人们是慕这些历史名园而来的，而新园的景色确实难以引人入胜。因为老园是千锤百炼、多代人反复推敲的精品，新园当然显得粗糙和欠佳。主要的问题是，这些新园林设计的出发点就有商榷的必要。私家园林本来就是士大夫们寄托闲情放纵逸致的地方，是用来悠悠信步、顾盼舒展的。更有许多造景是供游者静观、坐赏、品味，全不会让一大群人挤来拥去，走马看花，逛商店似的游览。

我小时候，大概是抗战胜利后那几年，父亲曾带我去过狮子林（那时拙政园被机关学校占着）。那里有名人借园开堂会，到门口凭请柬名片才放进。正厅"指柏轩"里演的是昆曲，我们小孩子们看不明白就去爬假山，出了山洞听到了笙箫的乐声，大家都不敢出声了，屏住气走过去，只见亭子里一个先生捧着笙，一个姑娘竖着箫呜呜咽咽地吹着，周围有四五位男士、女士都是远远地靠着柱子、栏杆

常熟曾赵园

静静地听着。在船舫、在厅堂里也有些宾客或坐谈或品茗，也有一群群四处游逛赏景的游客，总共也不足几十人，在偌大个花园里绝不见拥挤。我们小孩子游园，大人们就会一次次告诫不要在园林中大声喊叫，不准四处奔跑。

园林里热闹起来，那是二十世纪五十年代以后的事。这些私家园林逐步都变成了公园，成为公众休憩游览的场所，所以到节假日或是团体活动就挤满了人，四处人头攒动，也就没有什么景色可以仔细地欣赏了。所有的园林都面临这样的情况，于是就出现了这些园林的扩建。扩建的主意就是要多容纳些人，分散原来园子中过分拥挤的景况，但是所有扩建的园林新区都未能达到这个目的。江南园林的应时出现及造园时的设计布局，本来就不是为大多数人服务的，也不能适应许多人在园子里游玩，它是一种文化欣赏，要静心地品味。

在古典园林保护方面，日本人就做得很好。他们也留下了许多古典园林，当然是从中国学过去的，逐渐也形成自己的风格。但本质上日本的园林和中国的园林还是有很多相通之处，也讲究意境、造景，与生活紧密相连，也是供少数人细细地观赏，不是接纳大批游客的场所。他们深悟此道，有高超的管理水准，很注意要保持这些古典园林原来的气氛，让来园林的人真心领悟到这些造园艺术的真谛。这些园林也都对外开放，但去看一定要预约，严格限制人数。如桂离宫花园，整个花园同时容纳的人数不得超过三百人，进到里面当然不会人山人海了。他们没有营利的要求，作为博物馆式的艺术欣赏，有的是免费的，有的就要收很高的门票。我看我国的古典园林也应该这样管起来，才显得出这些国宝的珍稀与价值，同时也才能让游园的人在园子里与造园设景者沟通，得到一种真正的体味和享受。

09 园林大门布局的匠心

　　江南各城建有私家园林者本为富有之户，园林为宅之一部分，其宅院亦常有智者擘画而有佳构。近有博士生研究苏州古宅门窗。我当即告知，一些名园的门窗确有聪慧之笔，值得研究，所见论述园林的文章很少为此着笔。可惜的是近年来旧城拆迁过多，马路一拓宽，这些宅门都找不到实物了。

　　苏州网师园在城北阔家头巷中，这是一条普通的小巷，宽仅四米，宅门朝北，花园在宅西，进出全在宅门。进入宅界门前纵向两侧做有围墙，连巷全部罩住，只在行路处开有方门洞，围墙做有瓦顶，正面就成照壁，这样使门前围成空场，另铺砖石，以与巷道的碎石路面有所不同。空场上植有两株高大树木，在这场内地面，夏可遮荫，这就使得网师园的宅门显出气派，并可供停车轿。这是非常聪明的空间处理手法，不占旁人一分地，不多搭建一间房或做门头之类，用一圈墙，开两个门洞，就把门前的空间限定了。拥有了限定的领域感，也区别了宅前宅旁的用地范围，却也没有侵犯路人的权益。用一个建筑空间围合而又连通的手法，就把宅园从平淡推向了非凡。

　　大型园林虎丘的大门，手法就更大了，它把路、河、场全组织在

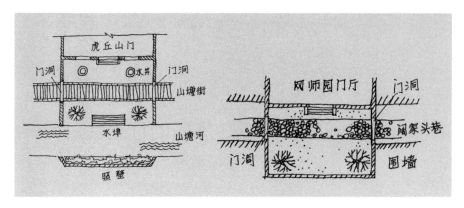

虎丘与网师园的大门布局示意图

一起,更扩大了空间。虎丘的门开在山塘街上,街旁有山塘河,游客可乘船从水上来,也从陆路上来。在大门纵向两侧街面做围墙伸向河岸,同样在山塘街路面处左右开有两个大门洞,河岸对面做一个大照壁,和这边的围墙在高度范围色彩上都似乎相连,只是因为河道而断开了。这样,这段河道也是虎丘大门的场地了。就用这一个对河照壁就把山门的场地领域从陆地连向水面。河岸正对山门做有宽阔的踏度水埠,可供停船上下,门前做有两个对称的水井,河边种有两棵对称的乔木,把寺庙山门的严肃气氛体现出来。路面、场地用不同的石块花纹铺设,给人以明显的不同功能的分布表示。

拙政园是私宅,后为忠王府占用,再后又为苏松道台衙门的花园,衙门的大门在东北街上,在马路对面建有大照壁,两旁有棋杆石。拙政园是衙署的附园,在东北街也开有一个小门,可供人单独进出。门前临河有专用水埠,水埠隔河对面做有照壁,把河段包含进来了。两个照壁各对着各自的大门,互不相连,一是宅,一是园。

苏州住宅和园林的大门都做得很简朴,很少有富丽的装饰。那种砖雕细腻的门楼都做在宅内厅堂前面,不像北方的门楼显露在街巷上。沿河的宅院如隔河开门就要跨河做河桥,这种河桥现在苏州只剩几座了,而且都是后来恢复的。我记得很清楚,就在我家那条钮家巷里,这样的河桥就有十多座,有的做成廊桥,有的只有栏杆而没有顶,有多种式样。这原是苏州古城里一大特色景观,现在许多河道填了,河上廊桥也都拆光了。苏州最古老的园林沧浪亭的大门就是面河朝北,用一座石桥跨过葑溪,桥头路沿做一个写有"沧浪胜迹"的小牌坊,把这段河和水面全都限定为沧浪亭的范围。为了显露出沧浪亭的景色,小桥就是石板条,低矮的栏杆,

门楼砖雕细部

不做廊桥,简单朴实和沧浪亭的古朴相吻合。

　　这些园林的外门是简朴大方的,入了门内就得按园主的布局安排。有的园子的入口是做得特别精妙的,大多用的是"欲扬先抑"的手法,精彩的花园是不能让你一眼望穿的。中国人是内敛、含蓄的,不像欧洲的花园,站在宅邸的高台上,整个花园一览无遗地展现在你面前。欧洲人喜欢用连片的大喷泉和巨大的大草坪以及图案构图的花坛来体现园林的气派和豪华。江南园林中做得特别好的是苏州留园。进得门内,一条窄窄的廊子,两堵白墙相夹,走出十数步才有一个小天井。小窗洞中透出几竿瘦竹,有点园林的味道,转弯有一个小方敞厅,天井里植一株老桂,种几簇应时花卉,平添一片生气。旁边还是廊道,有题额篆书"长留天地间",点出了留园的

园名。走几步又是阴暗的白墙廊子，尽头迎面才是一大片漏窗，透出镂空的花格，方可隐约地看到花园水池的景致。这里是"古木交柯"，要见到清楚的风景还得再走进另一个院落，左行到"绿荫"或右行到"曲溪楼"，才可见到庐山真面目。这个入口的路线设计，让游者充满了期待和悬念，以平淡来衬托浓郁。

　　拙政园的入口处理也很相似，入园门后只是一条露天的小巷，同样是修长与逼仄的，进到内院后是一个不大的厅房院落，迎面是一座硕大的假山，把园景严严实实地挡住，使你一点也看不到园景，要转过回廊，才看到远香堂的身影。可是现在拙政园的入口改到东园那一侧了，原先园主设计的游览路线全变，也没有了欲扬先抑的意境。

　　扬州的个园、何园的入口都有异曲同工之妙。个园在住宅的后

何园"寄啸山庄"门额

面，从"火巷"中进入，要你收紧视线，然后是一株老干紫藤，浓荫阴深，使人安静下来。迎面的一堵花墙，春笋竹林，展示着个园的春、夏、秋、冬四时景色中的春景，以引人入胜。何园则是大假石屏风挡景，手法都是同出一辙，但造出的景色各不相同。可惜的是，现在私家园林改成了公共休闲的大公园，为适应大批人流的游览路线的安排，拙政园的入口改变了，个园也在南面开了个入口，入园的意境就无法体会，园主原来的匠心也无奈地被忽视，这种古典园林入口的妙笔，再也体现不出来了。

个园圆门洞

10 叠山与理水

　　江南地区的城市，无论是苏州还是扬州，江南或是江北，都是平地居多。江南园林中的山水都是后天营造的，所以常说凿池堆山。这些园林都要叠山理水而成景致，而这些园林又大多是私人拥有，财力有限，占地不广，所以也堆不起高山，凿不成大池，就运用造园的技艺与手法，以小中见大。"一勺一水以梦千寻海浪，一石一峰以梦万仞高山"，这是文人心中想象的大海和高山，只是借助园林创造的景色引起联想，抒发感情。在这些园林中，对山和水的创作，真正是下尽了工夫，动透了脑筋。

　　江南是多水的地区，除了大江大湖外，城里也多有河渠；又是亚热带气候多雨湿润，地下水也很丰富，这里造园林得天独厚，凿池即能有水。园林无水不活，但水塘、水池都有活水、死水之别。活水是流动的，活水即清；死水是静止的，死水即浊。在江南乡村常见到一潭死水，天热时由于微生物繁衍发酵，还会发出臭味。也见到有些缺乏管理的园林中池水黑黑，长满了浮萍水草，很是煞风景。所以江南园林里的水，有条件的都要想方设法与园外河道大水体相通，以求得活水之源。例如苏州耦园就有暗渠直通护城河，沧浪亭

艺圃延光阁与湖面

就借高墙之外的古河弯溪之水来为园林增色。如果引不来活水，就在水池下挖井，可以使园林的地表水和地下水相互沟通。因为地下水是流通的，从而改善了水的质量，这样也就是活水了。这种水底之井，拙政园、狮子林、怡园、网师园等都有。常熟的燕园在假山的山洞里有池，池中有井，左洞内是暗井在水下，右洞内是明井，地上有井栏。这里不仅仅是水活不活了，更是取井水夏日有凉意可消暑、冬日有温暖可驱寒的意思了。

园林不大却要把水面做大，这实际上是一种对比手法的运用。在一定的空间中，水面看上去会相对比地面宽大得多。例如网师园和艺圃，园子中的水池面积其实不很大，但感觉水面宽敞，房舍、亭阁都退到后面去了。而且园中水面的流转、水池的岸线都不是生硬呆板的石驳岸，而是做成凹凸有致的港、汊、湾、坞，使水面有不尽之意。特别是艺圃的茶屋、水榭，整座房都架在水上，似乎水从屋下流淌而去，给人以空灵通透的感觉，极为奇妙。拙政园则是河汉纵横，蜿蜒曲折,亭、阁都筑在水上,山边也围绕着水,"路随河转,山因水活",处处见水,把水做到了极致。

水是园林的血脉,而山是园林的骨架。江南园林的山是人工堆的假山,一般内层是土山,外面叠石。这些造型奇巧的园林之山只有高手才堆得好。最著名的叠石大师是堆耦园黄石假山的张南垣和创作环秀山庄的戈裕良。古人说画师"胸中有丘壑,笔底才能有波澜",堆假山也是这样。这些匠师都是有文化素养的艺术家,而假山堆叠,等于是用石来作画,运石如笔,能不费工夫?近年我们常见到各处堆的假山,好的极少。陈从周先生就曾尖锐地批评,有的地方假山堆得像"排排坐,吃果果",一块块石头挨个竖在一起,全无美感可言;有的又像"猢狲出把戏",横七竖八胡乱摆一通。岂知假山石分黄石和湖石两种,每块石头都有纹理,有正面、反面。特别是湖石,还有洞穴,每块都不相同。怎样组合搭配才能造成美好的景致,这里面大有学问。我见过陈从周先生修缮上海豫园东园的假山。那时他带了博士生蔡达峰和刘天华,三天两头去堆假山。先要选石,产地运来了一大堆料石,平摊在地上要翻过来翻过去地挑选。堆起假山后又要反复推敲。有一次我陪陈先生去工地,陈先生看看堆得不好,要重新搬动,这可是很吃力很费事的活儿。陈先生从口袋里摸出香烟,一个工匠递一支烟,再作揖打招呼,请他们把已搭上去的石头搬下来,要重新叠。工匠们被陈先生的执着所感动,任劳任怨地干着,陈先生身上也沾满了泥浆。堆好后,他还要转来转去地细细观察。他说今天看差不多了,明天再来看,可能又会再动的。那些初步堆成的假山,都是先用黄泥粘住,最后定案了再用糯米浆石灰固定牢。豫园东园的假山就是这样花了半年多时间才堆起来的,可见要费多少心血。陈先生说堆好一座假山比画画、写字、做文章要难得多,我是亲眼见到了。假山是模仿真山堆的,但真山那么大,只能是截取一角,取其意而已。用石头堆成的悬崖、峭壁、危岩、飞梁，实际上只是一种意境，一种观赏的感觉。这里面首先体现了设计者和匠师共同设定的观景点和游览路线。所以看假山有俯视、仰视、平视不同的视角，从而产生高远、险峻、深邃的艺术效果。陈从周先生所总结的"真山如假方奇，假山似真始妙"，确实有道理。

　　园林又称"城市山林"。城市繁华喧闹，山林自然幽静，江南园林是在城市里构筑一方拥有人工营造自然的场所，改善了局部的人居环境，因而能给人启发，从园林的设计手法中汲取营养，给城市以整体环境的创造性改善。园林之城苏州在二十世纪九十年代初的城市总体规划中提出的口号，就是苏州古城是"假山假水城中园"，苏州新区是"真山真水园中城"。这就是把古城中众多古典园林逐步恢复整理出来，使古城中布满人造的绿地、花园，环境当然会好；

豫园"玉玲珑"及配景

而苏州新区在古城西面，有新、老大运河，有狮子山、灵岩山、天平山、穹隆山、花山、天池山、七子山等低山丘陵，再过去是太湖和东山、西山诸岛，这些天然条件可以把新区做成大的自然山水环抱的城市，是一座特别大的园林城市。这是多么美妙的设想，得到了市民的赞赏，但关键是要保护好这些人工园林和自然的山林。实际上这二十年来的工业发展中，用去了许多土地，真正的自然山林和田园已剩下不多了，既要谨慎地保护历史遗存的古典园林，更要保护好自然山水环境。

沧浪亭河边复廊

11 造园与自然山林

　　我国的山水风景具有独特的风采,不仅是地理环境造就的山岳河川风光,还有许多独特的人文景观,蕴藏着极为丰富的文化内涵。人们常引用的"山不在高,有仙则灵",这"仙"就是人们心目中理想化的人的代表与化身,是这些名山风景的发现者和欣赏者。古代有许多诗章描写了这种优美的风景与意境。"山光悦鸟性,潭影空人心。万籁此俱寂,但余钟磬音。"(常建)"不知香积寺,数里入云峰。古木无人径,深山何处钟。"(王维)这些诗句把深山的空蒙和静谧写出来了,同时也隐现了被景色陶醉了的人。好风景要有人去欣赏,但人是旁观者,在自然风景里人和人工的景物也是陪衬的,是隐蔽的,人要自觉地不去干扰破坏自然环境。这就是诗情所表达的。我们看到过许多古人的画,在画中着意描绘的景致是高高低低的山、远远近近的林,云烟缥缈,山川流长,人物都是作为配景和点缀的。常常是竹林中一两间茅屋,清溪上半座小桥,笠翁独钓,高士流连。除了专门画市井风情的画卷外,中国风景画大多如此。不会在画面上出现许多房屋人物,那些山川风景也没有密密匝匝的建筑群。

艺圃中的桥、水、院的连接

　　古人的诗情、古人的画意都明确表明了古人崇尚自然，尊重自然，不去添加许多人工的景物，不去改变原来的自然风光。正是有这样的思想和境界，才给我们留下了名山好水和大自然的瑰丽景色，建造城市园林者才能有范本，有模仿的实例。有实物存在了，人们的追求才有目标。古人知道自然天地里不能有人工的干扰，这成了古代艺术家共同遵守的原则。

　　一些名山名岳中的风景建筑，一些宗教寺观在选择位置时也多是隐藏于深山秀水之中，绝对不会破坏山林秀美的环境。上面举出的古诗中，建筑物和人都是很好地表达了这个意思。古人讲究风水，用现代语言说就是善于观察和利用自然生态环境。那些历史上的建筑或傍岩依崖或踞于山顶，便于极目远眺、俯视鸟瞰，更注意与整体山林的契合和协调。这些范例，后来就成为许多江南园林创作的借鉴和启示。

今天人们似乎不再有古人那种情致，更喜欢在原来的自然风景中增光添彩。古寺不再总藏深山，那些原来的茅檐小庙，早成了巨厦华屋。四大佛山、八大名刹，也大多拆了黑瓦换琉璃。有些昔日清静的修身养性的圣地，成了喧闹赚钱之所，人山人海、车水马龙。张家界秀美的山峰旁耸立起巨大的钢架电梯，原来人迹罕至的丽江玉龙雪山顶上，现在每天有上千游客，万年的冰峰和积雪逐渐地消融了。

1979年我参与安徽九华山的风景区规划，那时真是山清水秀。那些佛寺庙宇，都与山林巧妙地结合。特别是那些庵堂、小庙藏在竹海岩崖之中，又都是皖南民居式样，简朴幽雅，一派山村佛国、世外桃源景象。那就是天然的园林，所有的寺庙建筑都是与山林和谐协调的精品。我们做了测绘调研，向国家文物局申报了九座国家级重点保护的寺庙。前后共十个年头，做规划、维修寺庙、开辟上山道路、建水源地等，使其成为著名的旅游景点、国家级风景区。我本以为有了规划蓝图的控制，就不必多去过问了，岂知2000年时为申报世界文化遗产上山一看，使我大为吃惊的是，所有的古寺庙都改造成了金碧辉煌的假古董，

寄畅园的借景园外宝塔

原来我们认为最精彩的民居、山林、小庙、古屋全没有了。当地人却认为这是旧貌换新颜，是发展经济，是符合旅游的需要。我是欲哭无泪，只能说：你们把好端端的一个世界文化遗产地，变成了"佛教大卖场"。

这二十年来的旅游大发展中，讲究的是经济效益，讲的是旅游六要素，要满足游人的"吃、住、行、游、购、娱"，沉寂的山林变得热闹起来了，脑子里却缺少了生态这根弦，缺失了文化的理念，也就恣意地破坏了原来的自然生态和历史文化环境。

当今时代不同了，古人与今人对风景的欣赏是否不同了？能否留存一些真正自然的造化，少一些人为的干扰？自然环境的保护和旅游开发就是水火不相容吗？古人和今人的风景观孰是孰非？

这一串问号我不知该如何作答。

12 江南园林地方风格的差异

　　每一个地方都有自己的自然地理环境和历史文化传统的因循，因此必然形成自己的特点和风格。虽则造园之意相仿，功能要求也大同小异，运用的建筑材料也会相同，但由于因地制宜，心裁别出，因而会有所应变，使园林建筑呈现出不同的格局与景色，风貌各异而增添诸多趣味。当然这种不同是大同中的存异，是私家园林的局部和细部的差异。

　　江南各处古典私家园林，当以苏州和扬州两地为代表。这两个城市中古典私家园林最为兴盛，以一个城市来统计数量也最多。至今，苏州城中尚有完好的园林二十余处，扬州也有近二十处之多。

　　苏州属江南水乡，气候也较温润，其园林与建筑总的感觉显得婉约精致，园林中特别注意水的处理和水景，给人以柔和清丽的印象。扬州在长江以北，但又不属北方，建筑风貌上既有北方之雄健又不缺南方的秀丽。扬州园林中堆的假山比较高大，园林中建的房屋厅堂也较为高大敞宽。苏州园林中主要厅堂一般也就面阔三间，而扬州何园的蝴蝶厅和个园的抱山楼都有七间之多。由于扬州园

拙政园留听阁内景

林的主人以富商为多，有的还捐得个官衔，为和官府来往，也有炫富之意，因此在建造时要追求豪华。这些厅堂也是为了招待宾客大开筵席时交际方便。苏州园林的主人多为退休官僚、闲散文人，通常只有小的宴游和居家聚餐。扬州园林在用的材料上也偏于华贵，好些厅堂选用楠木，楼层地面加铺方砖。花园里选用名贵树种，搜集古董陈列，窗扉、墙面选刻名家字画等，以显富华之意，但表现得还是有修养，很平和，绝不会弄得五颜六色、俗气横溢。苏州园林的大门一般不作任何装饰，门框上的刻画都是后来才有的。原先和普通人家大门一样是石库门框，或是平板门扇，只是在平面布局上有所反映。扬州园林的大门往往做成砖雕门面，有的做得很大，整个门墙都用磨砖对缝的装饰，在檐口门楣还有精细的雕饰，在巷子中很突出，以彰显自家的权势和富丽。

在园林中的造景上，扬州园林做得比较显露，如四季景色用四种不同的假山形式、质地和色彩来直接表达。苏州园林就较为含蓄，用植物品种、用隐名的题额来曲折地提示联想，如留园"闻木樨香"（秋天桂花）、"涵碧山房"（"一水方涵碧，层林已尽染"之秋意）。在假山的堆叠上，扬州叠山运用小料见长，以石块大小、石质纹理组成真山形状，而且善于将湖石和黄石混堆，如个园中部假山

何园湖石屏风

从夏山到秋山的过渡做得极好。苏州的假山，黄石、湖石绝少相混，而是各自成形，充分利用石头本来的材质而各展风姿。扬州园林中还堆有壁山，就是靠着墙壁堆成假山，如何园、小盘谷中都是佳例。壁山丰富了单调的墙体，又增加了景色。在苏州园林中，只有单块的附壁镶嵌，没有沿墙堆成山形的，以求山体空灵通透，同时利用墙壁作大块的留白，给人以更多的想象余地。这也是两地不同的风格。

　　总的看来，扬州园林显得大气而疏朗，苏州园林则委婉而精致。这也可能与城市的文风与习俗有关，就如同"扬州八怪"与"吴门画派"之各异其趣。有人说扬州园林像唐诗，苏州园林像宋词。陈从周先生二十世纪五十年代编著的《苏州园林》一书中，在每幅精美的黑白照片下面都配有一行宋词，诗情画意，情景交融，让人能感觉到中国古典文学艺术和建筑园林艺术的相通，读之回味久久，不忍释手。

13 园林的修复之道

　　江南私家园林，历经沧桑，不仅有风雨侵蚀、兵灾人祸，更有无知拆毁之举，损害惨烈。我自幼在苏州、扬州两地成长，青少年时恰逢日寇侵略，抗战后又是萧条岁月，亲眼见到苏州留园沦为马厩，廊房亭柱被军马啃咬的惨状。拙政园那时是社教学院的学生宿舍，厅、堂、楼、榭全都住满了人，假山倾倒，树木凋零，全无美丽景色可言。而后我入同济大学建筑系学习，有了建筑与园林的知识。1958年暑假回家，看见我住的钮家巷老宅后面的花园已被征用，变成生产板箱的车间，有不少工人正在搬运大假山石块。我就询问搬往何处，他们说是运往郊外窑厂烧石灰。我不禁大为惊诧，却无处申说。俞樾老人家的曲园小巧精致，但在"文革"中，惨遭填池碎石，园中造起了公房。苏州、扬州（还有更多的地方）的许多古宅和园林就是这样惨遭破坏的。

　　很久以来中国的建筑专家就注意到江南私家园林。这些珍贵的文化艺术珍宝，早就有研究的专著问世，如前有童寯先生的《江南园林志》，后有刘敦桢先生做的苏州园林的测绘研究调查，直至二十世纪八十年代中期才出了专著。陈从周先生在二十世纪五十

拙政园铺地

网师园铺地

年代带领师生对苏州和扬州的园林做了深入的调查研究，随即在1957年由同济大学出版社出版了《苏州园林》一书。这是一本图文并茂的古典园林专著。《扬州园林》也成了书稿，但由于当时的政治环境，直至1983年才付梓。而后又有陈植、张家骥等先生专论园林的著作问世。这些教授都是认真做学问的，有丰厚的学术功底，做了仔细的文献考证，留下了可靠翔实的资料。这些著作和研究，对中国江南园林的保护和以后的整治及修复起到了重要作用。进入二十世纪八十年代以后，由于国家经济的发展，文化旅游事业的兴起，各地逐渐认识到古典园林是重要的文化遗存，也是宝贵的旅游资源，因而有了修缮的行为，只是在这些修缮中作为却大有不同。对于历史文化遗产的保护，关键是在人。对于我们的祖先留下的珍宝，首先是要知道它是好东西，然后才知道去爱惜它。而具体如何保护，也还有个方法和技术的问题。我在前文中写到了陈从周先生在修复上海豫园假山中的认真态度，我也见到过刘敦桢先生在修复南京瞻园时的情景。他们都是大学问家，也是大实干家，是我们的楷模。还有其他的先辈如苏州的谢孝思先生等，有纪念他们的文章说他们在修复苏州许多古典园林中殚精竭虑的情景，我是深为敬佩的。

许多优秀的江南古园林能够得到很好的保护和完整的修复，靠的是这些识宝的人和热衷于祖国优秀文化遗产保护的当家人。我在二十世纪八十年代初就认识了吴江同里镇的蒋鉴清先生。那时著名的退思园由于被几个乡镇的工厂占据使用，池水填塞了，所有的厅堂变成了生产车间。在上级政府的支持下，工厂迁走了，留下了一堆破房烂屋和黑臭的池塘。作为副镇长分管建筑的蒋先生主持了全园的修复工作。他们没有急于求成，而是在专家指导下按部就班地踏实工作。修复工程分两期：第一期工程从1982年到1984年，修复花园和内园；第二期工程自1985年至1989年，修复住宅部分。整个工

留园走廊漏窗

程花了八年时间。修复中按复原图纸重建了损毁的"一房(琴房),二船(闹红一舸、旱船),三厅(桂花厅、轿厅、正厅),四廊(三曲廊、双层廊、碑廊、九曲廊)"。施工中不仅建筑布局都得恢复,就是丘壑高下、水岸曲折,悉照原貌,以至漏窗图案、细部花饰亦按资料修复。各景点均按原品题意境叠石莳花,务求旧貌旧颜,全无穿凿痕迹,使这一古代优秀造园艺术得以完整地再现。退思园围墙外有一高耸的水塔,妨碍园林的景观,通过艰苦的工作,搬迁了相邻的工厂,才拆除了那座水塔。

后来同里古镇的"崇本堂"、"嘉荫堂"以及"耕乐堂"花园的整修,也无不让蒋鉴清尽费心血。直至年纪大了,从镇长岗位退休下来,他还继续关心着同里古镇的古建筑保护工作。有好些外国的专家学者想要参观中国的古建筑和古园林的修复工作,我带他们到同里古镇去,还能在工地上找到他。外国学者们看到中国工匠使用的和他们完全不一样的工具如锯子、刨子、旋锥、斧头、墨斗、折尺、水平尺、准绳等，看到江南传统的建筑材料如木头、砖头、石头、纸筋石灰、三合土、油灰、广漆等，看到工匠高超的木雕、砖雕、石雕技艺，蒋鉴清都当场一一仔细介绍和演示，让那些"老外"敬佩得连连称奇。

同里退思园等古典园林的修复不求快但求精，这是懂行人的作为。古代园林学家计成在《园冶》中写到园林建造的好坏高下时说"七分主人，三分匠事"，意思是主人是主事人，起最重要作用，工匠当然有作用，但还是要听从主人的意思。任何工程，决策者是关键，建园、造园懂行最为重要。

在修复历史建筑或是历史景观时，要尊重历史，特别是反映真实的历史原貌很重要，但这一点常常把握不好。在整修历史文化遗产时，应提倡"整旧如故，以存其真"的原则。对于历史文化遗产，要认真研究它原来的状况，现在损毁了，已改变了原来的状况，通过你的整修，要恢复成什么样子？最重要的，是保存它的真实性。不要经过你的整修，把真的、原本的东西，变成你认为理想的东西了，那就造假了。这种造假的行为，现在非常普遍。如今一般人都喜欢完美，而对于历史遗产的原样保护，却不愿意正确地做。如苏州吴中区的甪直古镇，有唐代著名诗人陆龟蒙留下的宅园，北宋年间建为甫里先生祠（陆龟蒙别号甫里先生）。有很大的花园，园中有"清风亭""光明阁""杞菊畦""双竹堤""桂子轩""斗鸭池""垂虹桥""斗鸭栏"等八景，后屡毁屡建。明代弘治年间苏州名士文徵明来此留下诗文："雨荒杞菊流萤度，月满陂塘斗鸭空。故草已随尘土化，空瞻遗像寂寥中。"说明那时已是废墟一片了。1985年我去甪直古镇时，见到一方环形水池，肯定是古斗鸭池了，有青石砌筑的池塘驳岸和留存地面的青石柱础。从石质和形制看，至少是明代甚至是宋代的原物。四周有三株古银杏树，枝干粗壮，肯定是千年古树。近旁就是著名的古寺庙保圣寺，里面还保存有国内仅存的列为全国重点文物保护单位的唐代古罗汉塑像。我当时建议这块地方就应原样保护，以供人们凭吊，不要添加什么建筑。原生的唐宋遗物遗址，是历史原貌景观，只要立一块说明牌，就能引出人们的思古之幽情。但是主持者还是要按现代人的想法去复原。结果就在古斗鸭池遗址上盖了一幢用现代材料混凝土柱架结构的明清式样的清风亭。这样的整修把原来的历史遗迹全给淹没了。

有些人至今还认为这种模样才是恢复，才像个古建筑，而对我的意见不能接受。同样的事发生在苏州昆山市的陈墓。这是在宋代建的历史古镇，镇名的来源就是南宋孝宗至此，随行陈姓嫔妃病故于此，葬在湖中，于是御赐地名"陈墓"。在陈墓镇旁五保湖水冢依稀可见，近处建有寺庙，青灯伴古坟，史迹相印证。然而到二十世纪八十年代，镇上主事者认为城镇要发展，要破旧立新，"墓"字不吉利，不利港台人士投资开发，就把老祖宗留下的镇名"陈墓"改成了"锦溪"镇。古墓原是一座湖上的小岛，荒草土坟，孤岛水冢，水波不惊，鸥鸟翻飞，别有一番古意和真情。他们认为太简朴了，用石块砌了驳岸，土墓上也包了整齐的石头，竖起了牌坊，重新修了寺庙，油漆一新，显得富丽堂皇，却把历史原貌全部改观了。

历史遗存的破坏，必然降低历史价值，那是一种缺少文化素养的审美误差的反映，实在令人悲哀。我很赞赏苏州艺圃里"乳鱼亭"的整修。那是个明代留存的小亭，亭内梁枋上留有据传是明代的彩画，年代久远而已褪色暗淡，但在重修时没有重新油漆描绘，只是做了除虫处理、除尘防护、涂料保护，梁架完全没有动。这样就保存了完整真实的历史原貌，使人们可以欣赏到先人原来的工艺与创造，也呈现这个古代历史原物的价值。我到艺圃去常常遇到有些游客坐在亭子里却没有注意到这个古物，当做了介绍后，人们无不交口赞誉这种尊重历史的、科学的保护行为。

14 江南园林的延续和创新

　　江南园林自晋代兴起,至明、清得以大盛,我们所见到的优秀园林大多是明清时代建造的。从格局、风貌和建筑式样上看,这些园林大多是一脉相承,但明代、清代、民国不同时期的园林又各有特点,留下不同时代的烙印。时代在发展,特别到了民国以后,建筑手段、建筑材料、建筑技术有了很大进步,有些园林就运用了这些发展的新成果。苏州狮子林的荷花厅,柱、平台及屋顶都用了新材料,旱船也用磨石子水泥建造,还用了彩色玻璃。拙政园西部的"卅六鸳鸯馆"及旁边的桥栏杆等,都用了当时时髦的彩色玻璃和铸铁件。这些都是一些局部的构件。扬州的何园除用了许多铁栏杆、大玻璃外,在"玉绣楼"还用了走马楼的格局,这是杂糅了中、西的建筑格局,围廊的木栏杆是圆瓶柱式样,室内的装修吊灯等也是西式的。更晚些时候建造的南浔小莲庄,在花园的荷花池旁的"东升楼"(小姐楼),就是法式的红砖小楼,另外在对面路口还做了一个牌坊式的砖券门楼,完全是西洋式样。这些都是在中国传统的氛围中渗进了一些西洋的东西,但它不大也不多,没有造成多大的干扰和影响。不过这也引起一些专家的非议,认为是不伦不类、很不协调,等等。

小莲庄西式花窗

　　江南园林发展演绎了数百年，基本上没有多大的变化。一方面是保存和继承的因循，另一方面缺乏变化和前进，这可能和中国历史建筑一样，习惯于承袭的惯性，而鲜见创造和图变求新。

　　二十世纪八十年代对外开放以后，大量外来文化的进入，使中国建筑界刮起了一股欧陆风情风，西方的园林艺术布局也就出现在许多新建的城市绿地中。大草坪、大花坛、西洋图案花纹、黄杨球等，甚至许多外来的树木花草也出现了，并逐渐在城市公共绿地中占了主要地位。此时江南园林独特的艺术形式也常常被人们采用，但也多是改头换面地照搬和仿制，很少有精彩的新园子出现，在一些传统的特色构件上也少有创新和变化。这不得不引人深思。

　　1989年，同济大学冯纪忠先生在上海松江的方塔公园里，运用造景的手法设计了一个有传统屋顶式样却是用钢架腹杆结构的园门，并运用地形的变化做出有沟壑感的步行小径等一连串新的园林造景的创意。这却引起了轩然大波，甚至有人称之为"资产阶级异

苏州博物馆内景

化"的学术思潮。有益的学术探索却用政治大棒来封杀，这说明了在中国要冲出世俗的牢笼有很大的困难。方塔公园还在，建议大家可以去看看。我认为是冯大师的杰作。说到大师我想起了另一位建筑大师贝聿铭先生做的苏州博物馆里的园林。这一个小小的花园可以给我们一些有益的启迪。苏州博物馆就建在拙政园边上，它没有照搬江南园林的手法。他也设计了亭子，挖了水池，堆了假山，建了小桥，却完全没有抄袭江南园林的手法。从结构到形式全是新意，给你的感觉是苏州园林的变种，是苏州园林的延续。他从拙政园里文徵明手植藤上移植了一枝新株过来，意味着把文脉延伸过来。当然博物馆是主体，博物馆用的是和苏州民居一样坡度的屋顶，和苏州民居一样的白墙、黛瓦，和苏州民居差不多的高低。它就生长在苏州民居之中，就在拙政园旁边。首先是和谐的相处，然后

苏州博物馆置景

是有自己的风格与特色。贝先生自己说他做的这个馆是"中而新，苏而新"，这就是重要的秘诀：要继承传统，要尊重、融合地方，但要创新，要适应时代要求。我想我们所珍爱的江南园林，也要遵循这样的路子，才能继承和发展。

后　记

　　我对江南园林怀有特殊的感情。这些年来，我对我的博士生们最好的奖励，就是带他们到某一个他们很少去的园子去赏玩，我给他们做导游，然后找个地方坐下来，再细细地评点。他们会再去实地反复揣摩，事后他们会久久地回味。我可以自豪地说，我曾得到过园林大家们的真传，因为我在同济大学读书和工作时，多次聆听过陈从周教授讲园林艺术。他在《说园》里写的，我大多亲耳听过。在修复上海豫园和苏州耦园、艺圃等园子时，他去现场指导，我有时也在他身边。我老家在扬州，我也有幸陪他去过扬州的个园以及泰州的乔园、如皋的水绘园。在二十世纪五十年代至六十年代，南京工学院（现东南大学）的刘敦桢教授带着弟子们在苏州园林搞调查测绘，有时在暑假里我也去帮忙。因为我在苏州长大，在那里有许多同学、亲戚，去借个车（那时借车是一件难事）、办个事、跑个腿，可以找一些熟人相帮，所以同时也听到刘先生对苏州园林的评讲。我曾到南京工学院找童寯老先生求教。童寯教授很早就写了《江南园林志》和《造园史纲》，他学贯中西，知识渊博，也乐于助人。当时学子们都称誉他是"一口大钟"，意思是不敲不响，每敲必响。我们这些后学辈常常揣着许多问题去求教,他是有问必答,而且总有精辟的见解。他很高兴谈江南各地的园林,从他那里我得到了不少教益。

我常常追忆这些名师的高见。很可惜,当时没有记录下来,但是他们的许多见解,我是领会的。现在想来,江南古典园林艺术的发掘、整理、发扬光大,一直到成为世界建筑艺术的珍品,就是有赖于这些名师大家。今天我们学习研究园林建筑一定要继承先人的业绩,深入地理解这些私家园林的艺术精粹,而不是肤浅地以为挖一个池、盖几个亭子就是园林了。许多新造的花园,有的全无艺术可言,浪费了钱财,有的可以说是糟践了艺术。许多人文化浅薄还要故作风雅。真的,江南园林的艺术精华你能透彻理解吗?陈从周先生说过:"苏州园林艺术,能看懂就不容易,是经过几代人的琢磨,又有很深厚的文化,我们现代的建筑师是学不会,也造不出了。"至少,造园子想一气呵成是出不了精品的。

苏州园林进入了《世界遗产名录》,可是无锡、常熟、扬州、泰州、湖州以及上海等地都还有和苏州一样精彩的私家园林,而且各有特点。就是在苏州,除了进入了名录的九个园林外,也还有许多好园子,只是人们不太熟悉罢了。这些园林都是艺术的珍宝。这说明了在江南这些私家园林普遍地存在着,并且异彩纷呈,这是中国建筑与园林艺术博大精深的体现,是中华民族文化传承至今的瑰宝。我们编写这本书也是让人们了解这种情况。不能以为私家园林只有苏州有,苏州的园林仅仅是重要的代表,我甚至觉得应该用江南园林来扩大原来苏州古典园林的世界遗产名录,这样才符合实际。

本书的概说部分,是由刘天华为主执笔;"园林篇"介绍各个园林,分别由阮仪三、刘天华、阮涌三、丁枫四人执笔;"散论篇"是我自己对江南园林的议论,有叙有议,有见解有评论,虽然只是一家之言,却都是有感而发,自认言之有物,信笔写来,会有不妥之处,还请阅者谅之。

照片摄影是陈健行、马元浩两位大家和胞弟湧三的作品,田雷和李涑提供了上海古猗园、醉白池、西塘西园的有关照片。

译林出版社和施梓云先生为本书的编辑和出版费心费力,在此一并表示感谢。

阮仪三于沪上